U0366168

室内设计模型库

郭东生　主编

中国建筑工业出版社

室内设计模型库

郭东生　主编

*

中国建筑工业出版社出版、发行(北京西郊百万庄)

新华书店经销

北京广厦京港图文有限公司设计制作

北 京 中 科 印 刷 有 限 公 司 印 刷

*

开本：787 × 1092毫米　1/12　印张：8⅓　字数：100千字

2007年2月第一版　2007年2月第一次印刷

定价：288.00元(含4CD-ROM)

ISBN 978-7-900189-68-4

(14460)

本社网址：http://www.cabp.com.cn

网上书店：http://www.china-building.com.cn

主　　编：

郭东生

主创人员：

王林庭　张志强　朱振华　高萍萍　张诚慧

模型设计：

周志光　田　雷　王　戈　刘　畅

Interior Decoration Design Model Base

出版说明

随着我国室内装饰行业的快速发展和人民生活水平的不断提高，社会大众对生活、工作、娱乐等空间环境的设计与表现提出了更高的要求，设计师们也面临着更大的挑战和难题，这其中包括：

在设计前期，你的设计思维在满足功能等要求的前提下是不是能引领时尚？

在设计中期，你有没有足够完备的图库以保证设计出图的效率能超乎人前？

在设计后期，你能不能将效果图中的模型对应提供出市场中可购买到的产品作为参考？

以上困惑相信很多设计师都遇到过、思考过，尤其对于中小型的室内装饰装修设计，如何提供完善细致的服务更为重要。为此我们推出了这套由沈阳龙生装饰装修工程有限公司编写制作的《室内设计模型库》，它由一本精美索引画册配四张图库光盘组成，能够有效扩充设计师的素材装备，使设计更加贴近实际，很好地帮助解答以上难题。

本套《室内设计模型库》具有如下内容特点：

1. 图库光盘汇集了500余例原创品牌室内家具饰品模型，包括家具、办公家具、窗帘、灯具、橱柜、洁具、家电、楼梯、门、饰品十个类别，每一例均包括3DS Max场景模型文件、渲染后jpg文件和材质贴图文件，模型精细，使用者可对源文件直接修改调用。另收录了品牌壁纸、地板、地毯、瓷砖、图片、贴图六类图片文件近300张，实用性很强，可供设计绘图中参考选用。

2. 图库光盘中模型均以现在家具装饰市场上流行的国内外知名品牌产品为原型进行制作，包括奥凡仕家具、松下灯具、好时橱柜、美标洁具、艺王门业、布居艺阁窗帘等55个品牌，品种齐全、风格各异。特点是具有高度可还原性，如在设计中使用图库中的模型，即可在市场中找到对应的实物，避免了设计师的虚拟设计与实际产品脱节的情况发生。同时画册中还注明了产品模型的品牌、材质、参考价格等相关信息，最大限度地为设计师与客户的充分沟通提供方便，为客户的进一步选购提供直接依据，完成了从图纸到现实的零距离跨越。对设计师而言，由于有样可依、有物可用，免去了自行建模和奔波于市场考察的辛劳，可以做到胸有成竹地轻松完成设计和后期服务工作。

3. 图库光盘中模型产品涉及不同风格、不同档次、不同材质，可以适合家居、办公场所、酒店客房等多种室内环境，满足不同风格的装修设计。如有中式屏风、藤椅，欧式沙发、高柜，酒店吧台、各式楼梯、新型橱柜、洁具等，现代的简约、古典的华美尽在其中。模型尺度准确、造型逼真、材质细节均以实物为准，可供设计师灵活选用。

光盘内模型图片按画册顺序编排，便于查阅调用。模型编号由三部分组成：

第一部分表示产品类型，如A为家具类，M为门类；

第二部分表示同一类型下的不同品牌，如A类下01为帝斯曼，26为奥凡仕；

第三部分表示同一类型同一品牌下的不同产品模型，如A-26-01。

画册中图片编号依次排列，对应编号可在光盘中查找模型和文件，检索方便。

全部模型文件用3DS Max6.0版本制作并保存，参数准确、文件完整，可作为室内装饰装修公司设计师的参考资料集，也可作为各类设计院校相关专业的参考、辅助教材。

本模型库中涉及的全部品牌，均得到相关各方的认可，但其中所列参考价格仅代表一时一地的市场价格，并不能作为各地购买产品的依据。或有错误和疏忽，敬希读者谅解。

目　录 CONTENTS

CONTENTS

Interior Decoration Design Model Base

产品材质/ 真皮+布艺
参考价格/ 10500元
模型编号/ A-01-06

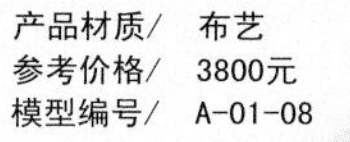

产品材质/ 布艺
参考价格/ 3800元
模型编号/ A-01-08

产品材质/ 真皮+布艺
参考价格/ 13800元
模型编号/ A-01-09

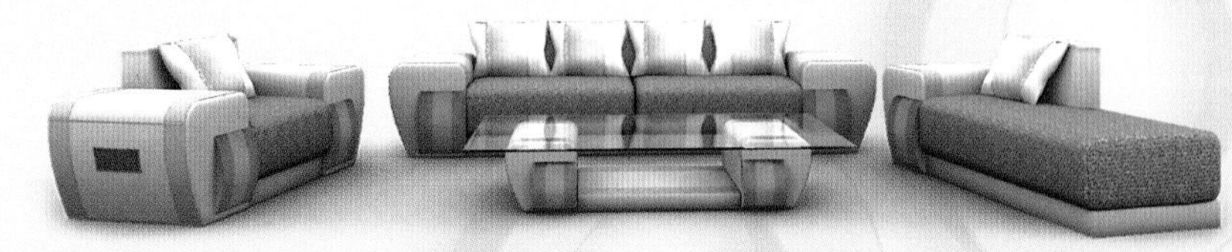

产品材质/ 布艺
参考价格/ 3600元
模型编号/ A-01-10

产品材质/ 真皮+布艺
参考价格/ 9800元
模型编号/ A-01-01

产品材质/ 真皮+布艺
参考价格/ 9800元
模型编号/ A-01-11

产品材质/　大理石+玉石
参考价格/　2880元
模型编号/　A-01-02

产品材质/　大理石+玉石
参考价格/　7800元
模型编号/　A-01-04

产品材质/　大理石+玉石
参考价格/　4800元
模型编号/　A-01-05

产品材质/　大理石+玉石
参考价格/　4400元
模型编号/　A-01-03

产品材质/　真皮+布艺
参考价格/　16640元
模型编号/　A-01-07

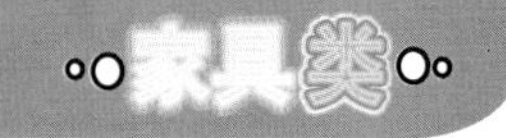

产品材质/ 实木布艺
参考价格/ 49850元
模型编号/ A-02-04

产品材质/ 实木
参考价格/ 13450元
模型编号/ A-02-08

产品材质/ 实木布艺
参考价格/ 19920元
模型编号/ A-02-01

产品材质/ 实木布艺
参考价格/ 19920元
模型编号/ A-02-03

产品材质/ 实木布艺
参考价格/ 31060元
模型编号/ A-02-05

品牌/奥凡仕

产品材质/ 钢质
参考价格/ 46200元
模型编号/ A-02-02

产品材质/ 实木
参考价格/ 64910元
模型编号/ A-02-06

产品材质/ 实木
参考价格/ 46200元
模型编号/ A-02-09

产品材质/ 实木
参考价格/ 39600元
模型编号/ A-02-14

产品材质/ 实木
参考价格/ 68630元
模型编号/ A-02-07

产品材质/ 实木
参考价格/ 26500元
模型编号/ A-02-13

产品材质/ 实木
参考价格/ 15200元
模型编号/ A-02-10

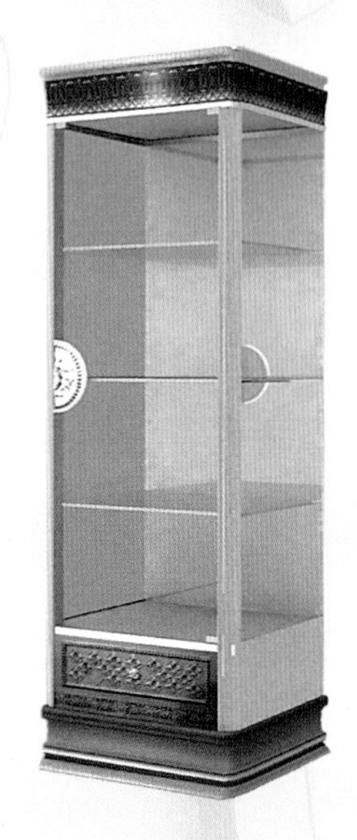

产品材质/ 实木
参考价格/ 17180元
模型编号/ A-02-12

产品材质/ 实木
参考价格/ 126000元
模型编号/ A-02-11

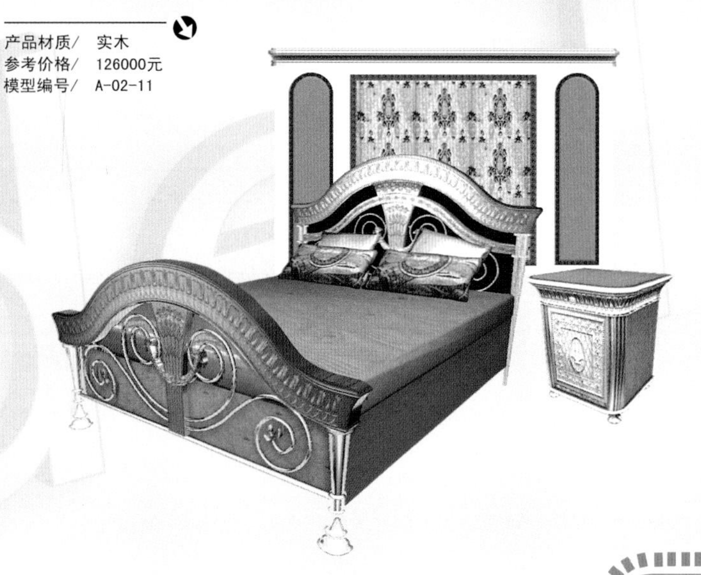

产品材质/ 藤质
参考价格/ 9950元
模型编号/ A-03-04

产品材质/ 藤质
参考价格/ 6850元
模型编号/ A-03-01

产品材质/ 藤质
参考价格/ 17300元
模型编号/ A-03-03

产品材质/ 藤质
参考价格/ 9760元
模型编号/ A-03-02

产品材质/ 藤质
参考价格/ 6740元
模型编号/ A-03-05

产品材质/ 藤质
参考价格/ 16650元
模型编号/ A-03-06

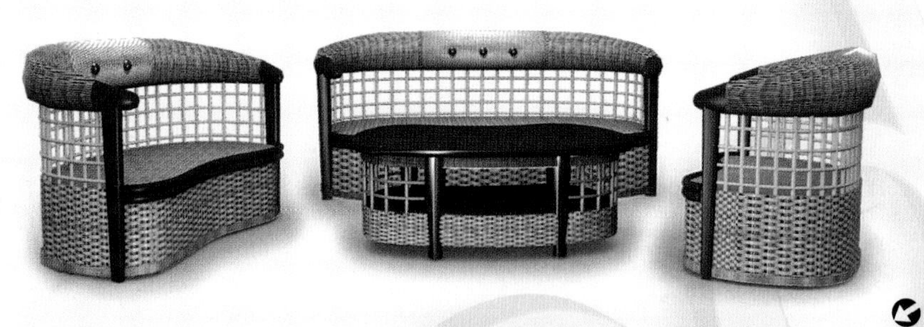

产品材质/ 藤质
参考价格/ 8240元
模型编号/ A-03-07

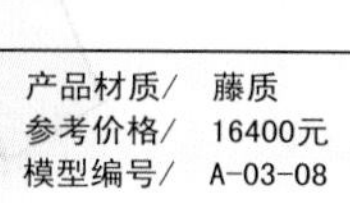

产品材质/ 藤质
参考价格/ 16400元
模型编号/ A-03-08

产品材质/ 藤质
参考价格/ 1200元
模型编号/ A-03-11

产品材质/ 藤质
参考价格/ 13500元
模型编号/ A-03-09

产品材质/ 藤质
参考价格/ 13180元
模型编号/ A-03-12

产品材质/ 藤质
参考价格/ 8400元
模型编号/ A-03-15

产品材质/ 藤质
参考价格/ 8800元
模型编号/ A-03-14

产品材质/ 藤质
参考价格/ 3200元
模型编号/ A-03-10

产品材质/ 藤质
参考价格/ 4800元
模型编号/ A-03-13

品牌/艺藤

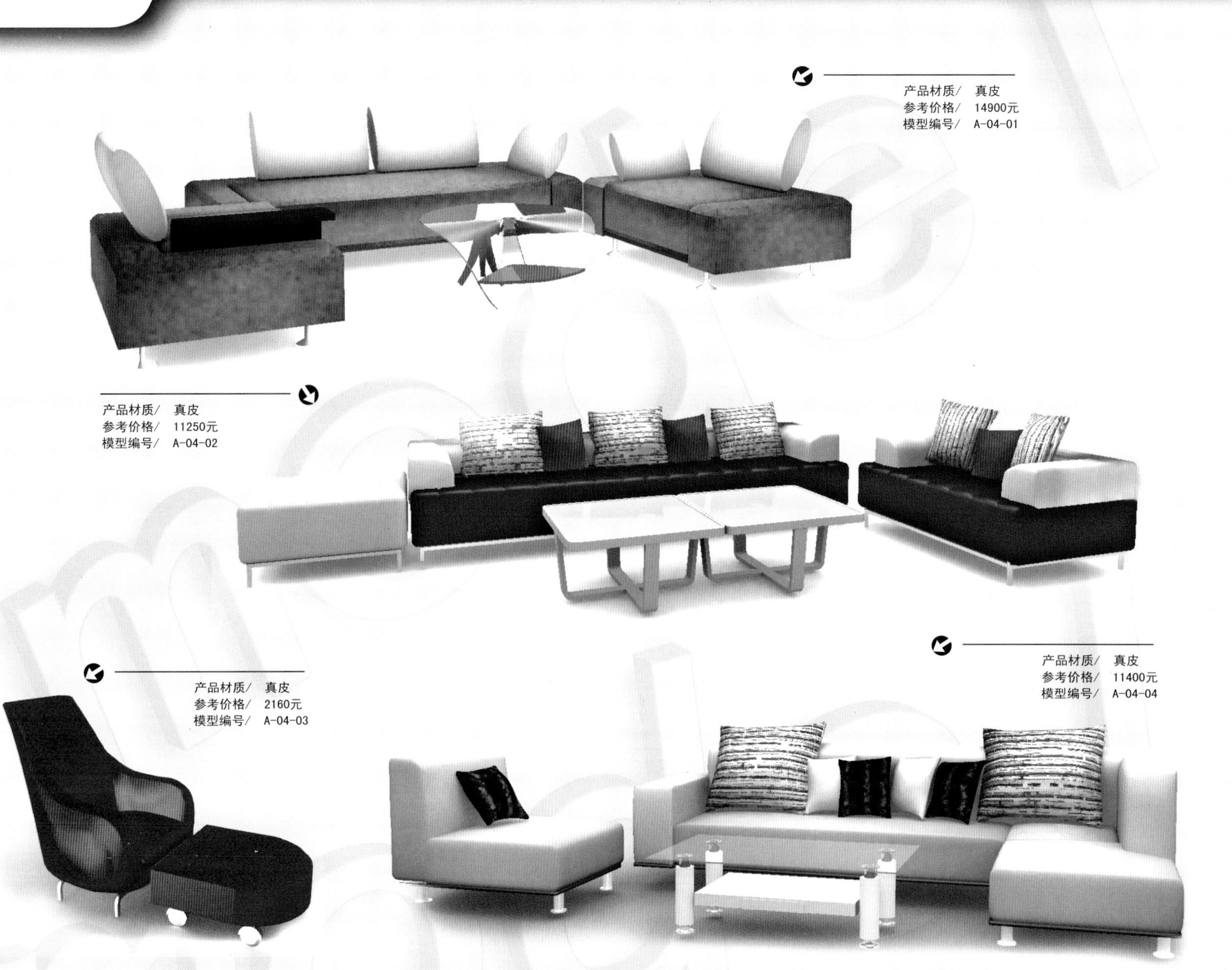

产品材质/ 真皮
参考价格/ 14900元
模型编号/ A-04-01

产品材质/ 真皮
参考价格/ 11250元
模型编号/ A-04-02

产品材质/ 真皮
参考价格/ 2160元
模型编号/ A-04-03

产品材质/ 真皮
参考价格/ 11400元
模型编号/ A-04-04

产品材质/ 木质
参考价格/ 2380元
模型编号/ A-05-01

产品材质/ 木质
参考价格/ 3620元
模型编号/ A-05-02

产品材质/ 木质
参考价格/ 4160元
模型编号/ A-05-03

产品材质/ 木质
参考价格/ 5660元
模型编号/ A-05-04

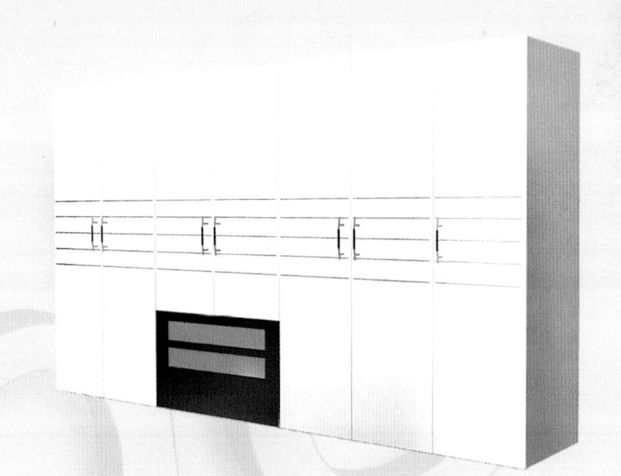

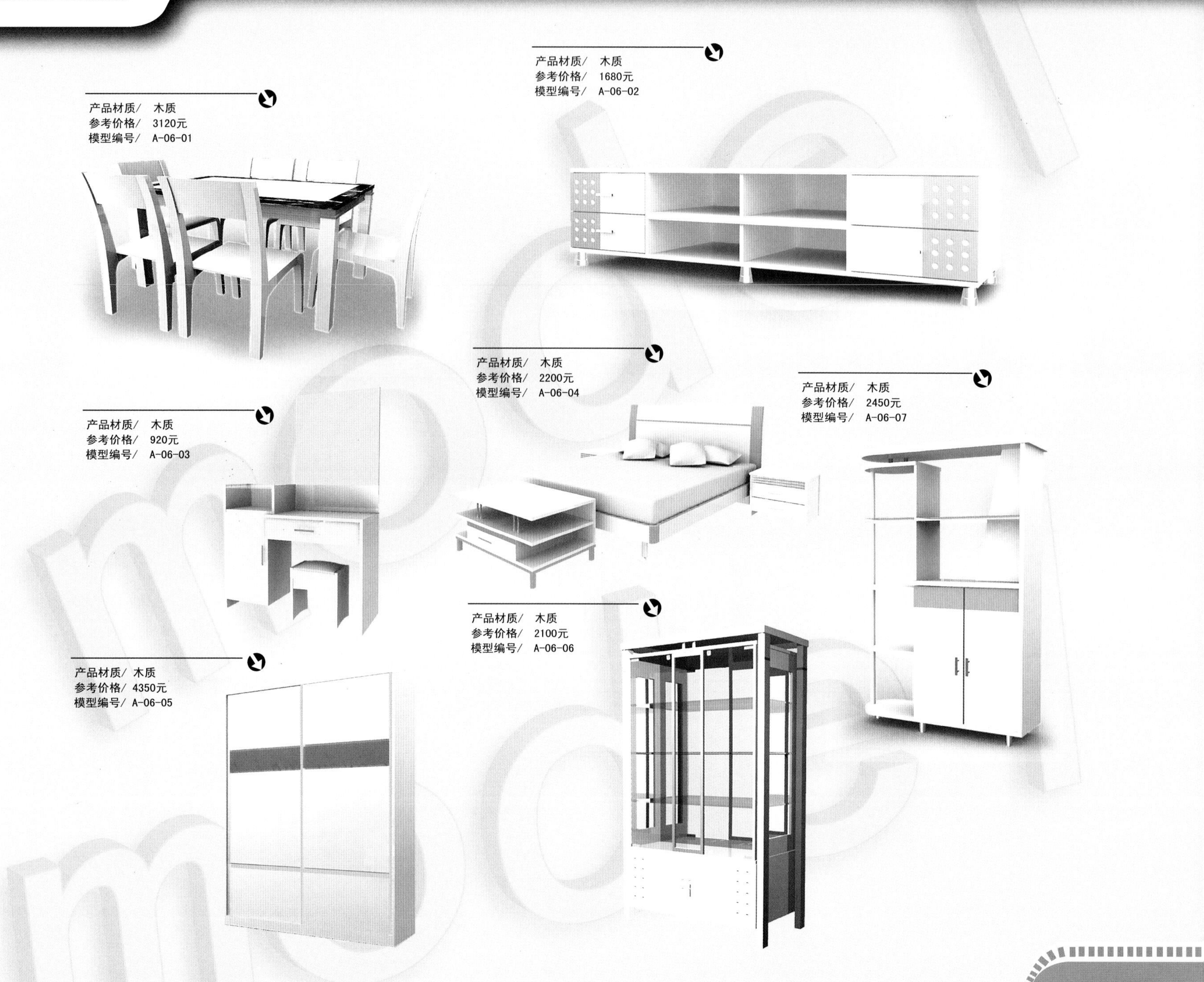
产品材质/ 木质
参考价格/ 3120元
模型编号/ A-06-01
产品材质/ 木质
参考价格/ 1680元
模型编号/ A-06-02
产品材质/ 木质
参考价格/ 920元
模型编号/ A-06-03
产品材质/ 木质
参考价格/ 2200元
模型编号/ A-06-04
产品材质/ 木质
参考价格/ 4350元
模型编号/ A-06-05
产品材质/ 木质
参考价格/ 2100元
模型编号/ A-06-06
产品材质/ 木质
参考价格/ 2450元
模型编号/ A-06-07

产品材质/ 真皮
参考价格/ 2330元
模型编号/ A-07-05

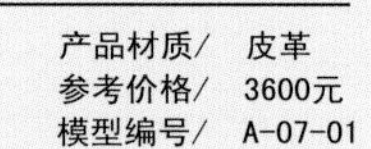

产品材质/ 布艺
参考价格/ 8090元
模型编号/ A-07-03

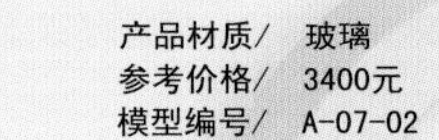

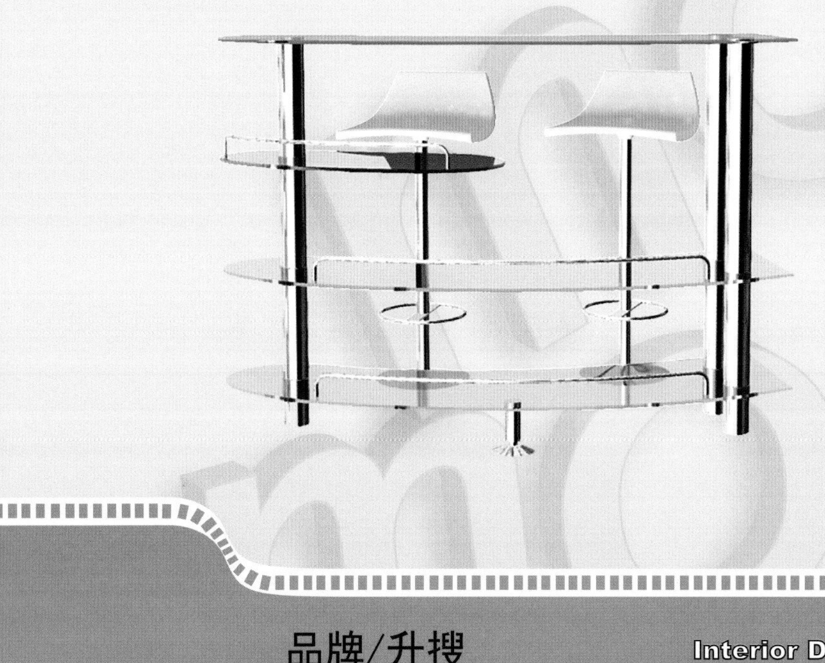

产品材质/ 不锈钢
参考价格/ 1360元
模型编号/ A-07-04

产品材质/ 木质
参考价格/ 3970元
模型编号/ A-08-02
产品材质/ 木质
参考价格/ 1800元
模型编号/ A-08-01
产品材质/ 木质
参考价格/ 660元
模型编号/ A-08-04
产品材质/ 木质
参考价格/ 1480元
模型编号/ A-08-03

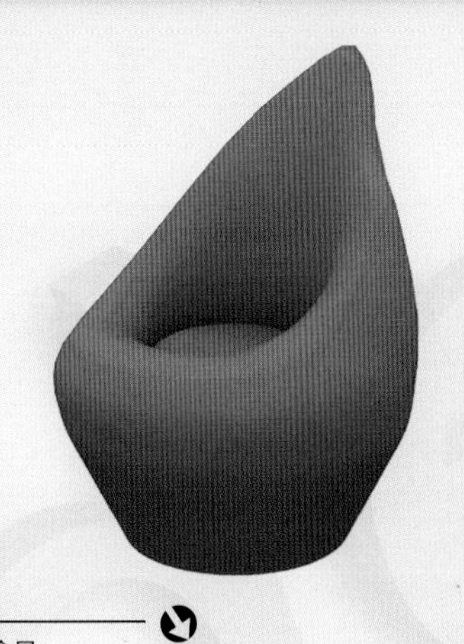

产品材质/ 皮革
参考价格/ 900元
模型编号/ A-09-05

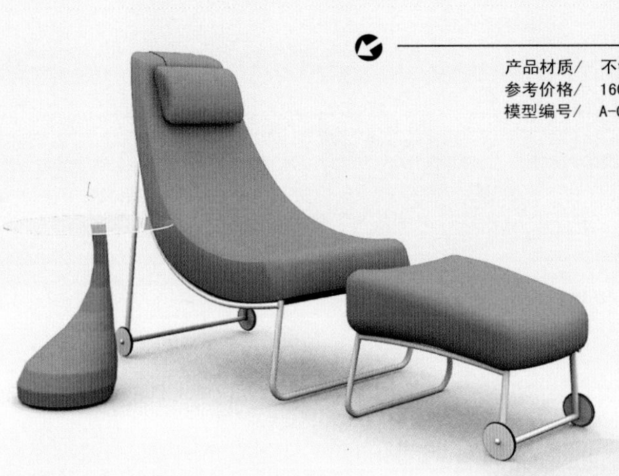

产品材质/ 不锈钢 布艺
参考价格/ 1600元
模型编号/ A-09-03

产品材质/ 玻璃 布艺
参考价格/ 750元
模型编号/ A-09-04

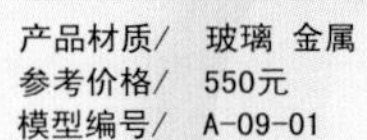

产品材质/ 玻璃 金属
参考价格/ 550元
模型编号/ A-09-01

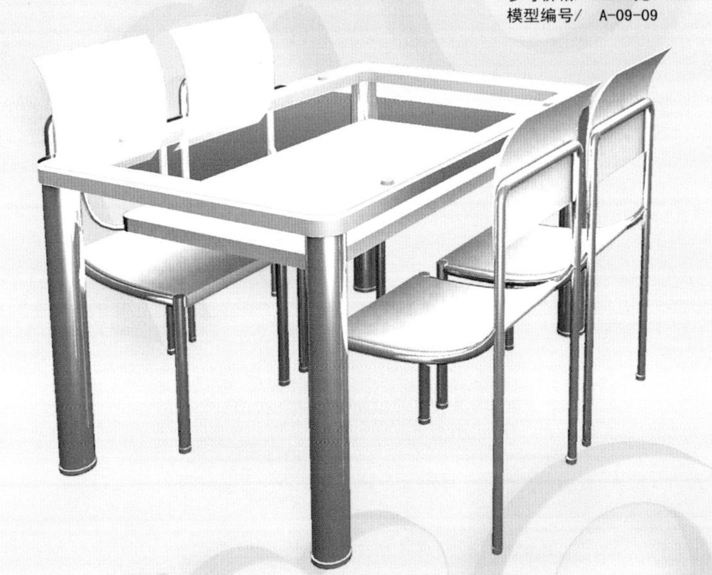

产品材质/ 玻璃 金属
参考价格/ 3650元
模型编号/ A-09-09

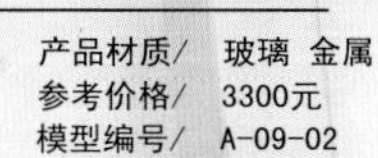

产品材质/ 玻璃 金属
参考价格/ 3300元
模型编号/ A-09-02

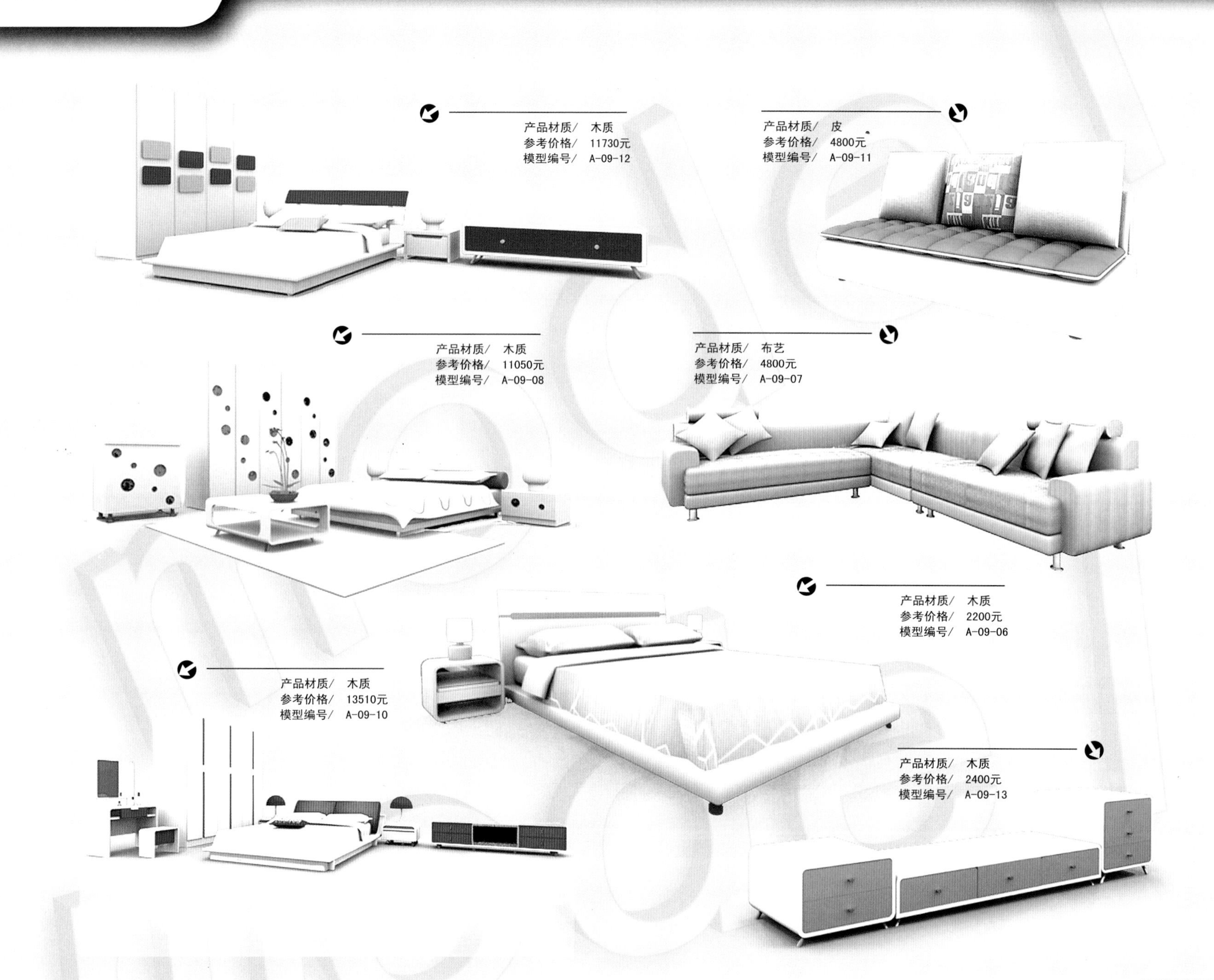
产品材质/ 木质
参考价格/ 11730元
模型编号/ A-09-12
产品材质/ 皮
参考价格/ 4800元
模型编号/ A-09-11
产品材质/ 木质
参考价格/ 11050元
模型编号/ A-09-08
产品材质/ 布艺
参考价格/ 4800元
模型编号/ A-09-07
产品材质/ 木质
参考价格/ 2200元
模型编号/ A-09-06
产品材质/ 木质
参考价格/ 13510元
模型编号/ A-09-10
产品材质/ 木质
参考价格/ 2400元
模型编号/ A-09-13

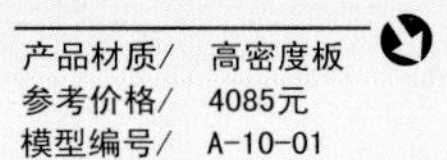

产品材质/　高密度板
参考价格/　4085元
模型编号/　A-10-01

产品材质/　高密度板
参考价格/　2980元
模型编号/　A-10-02

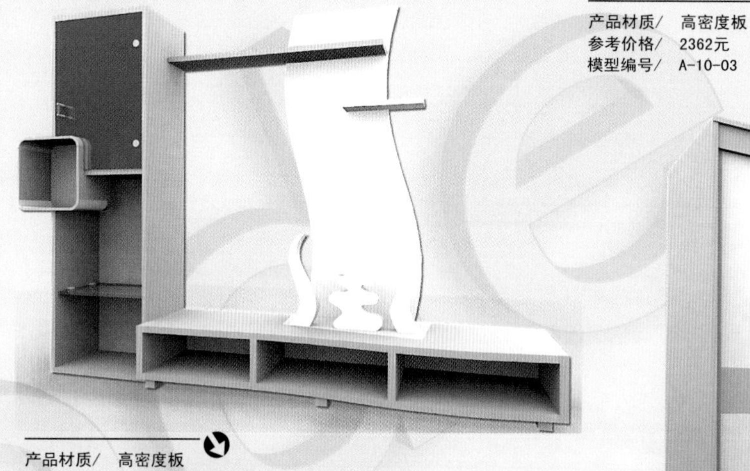

产品材质/　高密度板
参考价格/　2362元
模型编号/　A-10-03

产品材质/　高密度板
参考价格/　3833元
模型编号/　A-10-04

产品材质/　高密度板
参考价格/　2200元
模型编号/　A-10-05

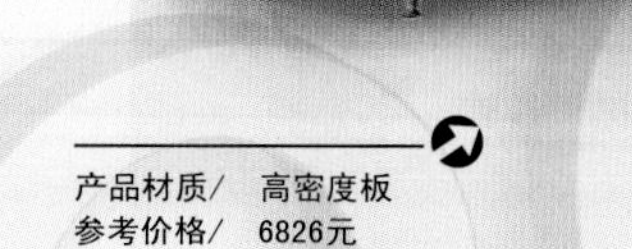

产品材质/　高密度板
参考价格/　6826元
模型编号/　A-10-06

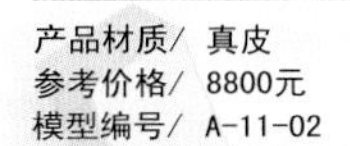

产品材质/ 木质　布艺
参考价格/ 5800元
模型编号/ A-11-01

产品材质/ 真皮
参考价格/ 8800元
模型编号/ A-11-02

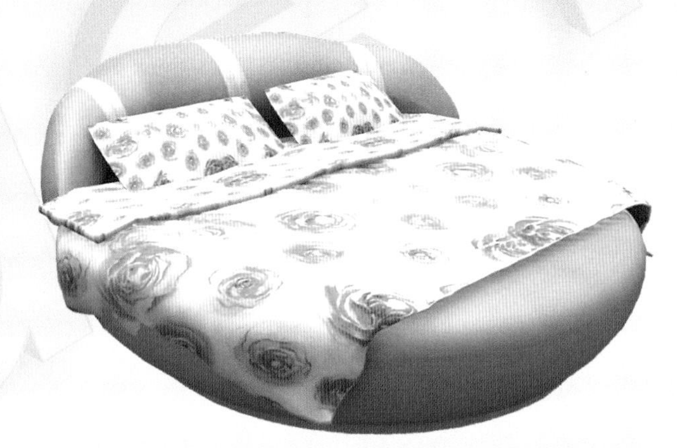

产品材质/ 木质　布艺
参考价格/ 5800元
模型编号/ A-11-03

产品材质/ 木质　布艺
参考价格/ 5800元
模型编号/ A-11-04

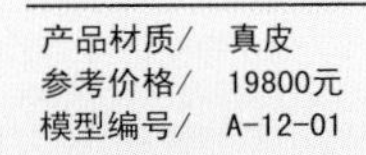

产品材质/ 真皮
参考价格/ 19800元
模型编号/ A-12-01

产品材质/ 真皮
参考价格/ 14500元
模型编号/ A-12-02

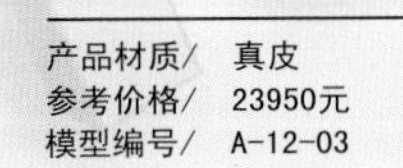

产品材质/ 真皮
参考价格/ 23950元
模型编号/ A-12-03

产品材质/ 木质
参考价格/ 3700元
模型编号/ A-13-05

产品材质/ 木质
参考价格/ 8000元
模型编号/ A-13-06

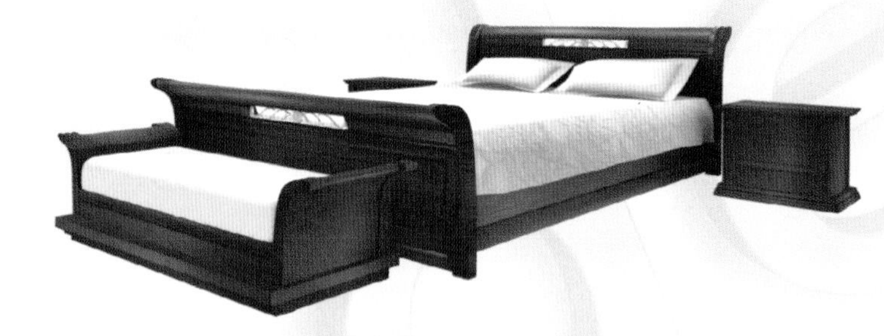

产品材质/ 木质
参考价格/ 5800元
模型编号/ A-13-01

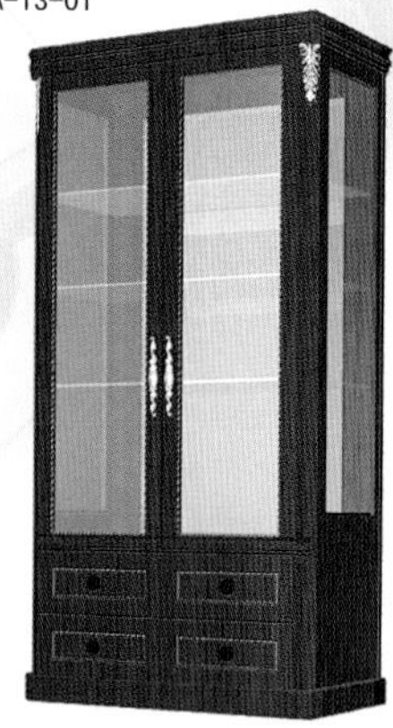

产品材质/ 木质
参考价格/ 9710元
模型编号/ A-13-07

产品材质/ 木质
参考价格/ 10650元
模型编号/ A-13-03

产品材质/ 木质
参考价格/ 7200元
模型编号/ A-13-02

产品材质/ 木质
参考价格/ 5300元
模型编号/ A-13-08

产品材质/ 木质
参考价格/ 6180元
模型编号/ A-13-04

品牌/飞拉利

产品材质/ 木质
参考价格/ 810元
模型编号/ A-14-05

产品材质/ 木质
参考价格/ 3380元
模型编号/ A-14-06

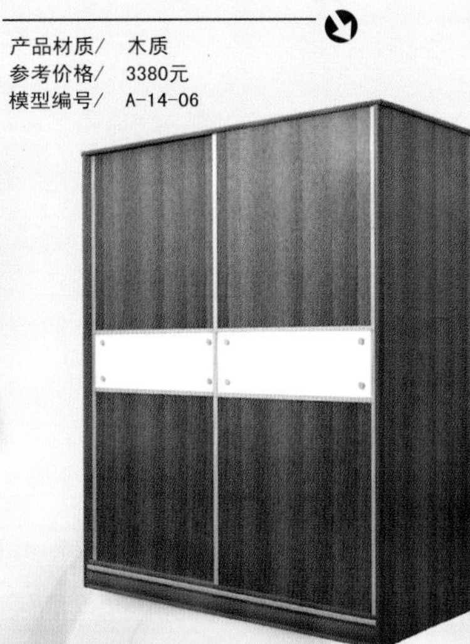

产品材质/ 木质
参考价格/ 4100元
模型编号/ A-14-01

产品材质/ 木质
参考价格/ 3710元
模型编号/ A-14-04

产品材质/ 木质
参考价格/ 2680元
模型编号/ A-14-07

产品材质/ 木质
参考价格/ 1185元
模型编号/ A-14-03

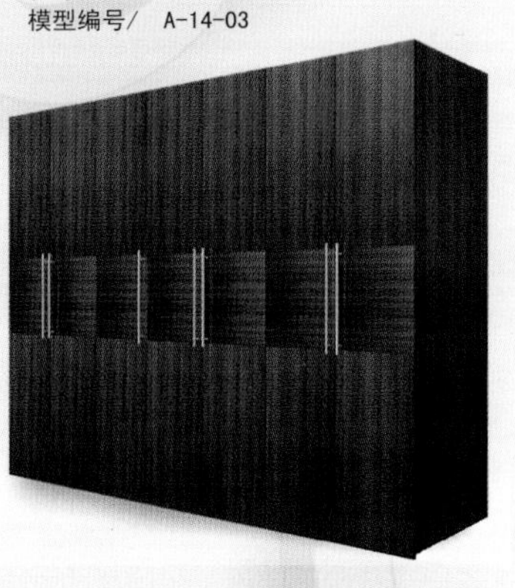

产品材质/ 木质
参考价格/ 1860元
模型编号/ A-14-08

产品材质/ 木质
参考价格/ 1600元 340元/个
模型编号/ A-14-02

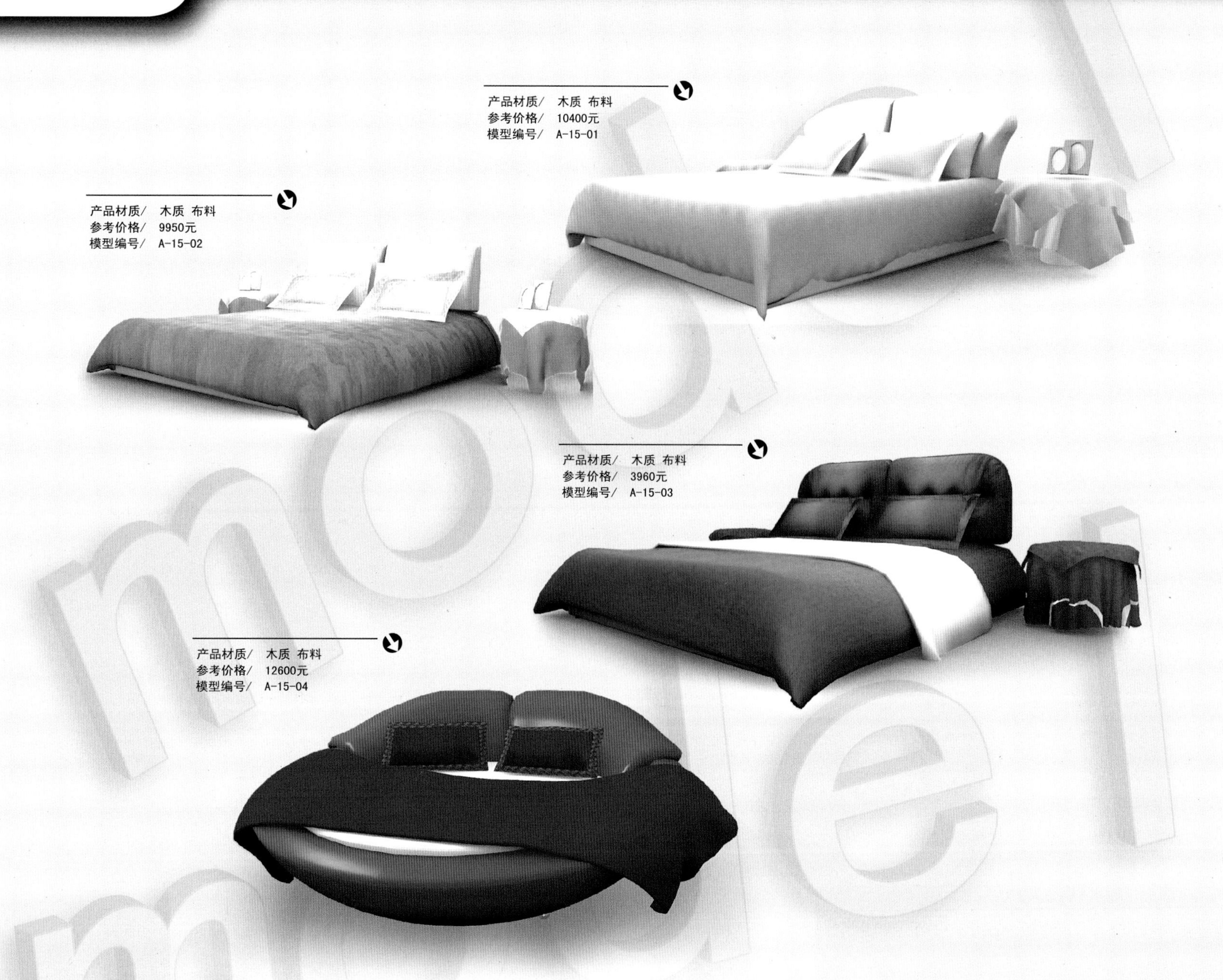
产品材质/　木质 布料
参考价格/　10400元
模型编号/　A-15-01
产品材质/　木质 布料
参考价格/　9950元
模型编号/　A-15-02
产品材质/　木质 布料
参考价格/　3960元
模型编号/　A-15-03
产品材质/　木质 布料
参考价格/　12600元
模型编号/　A-15-04

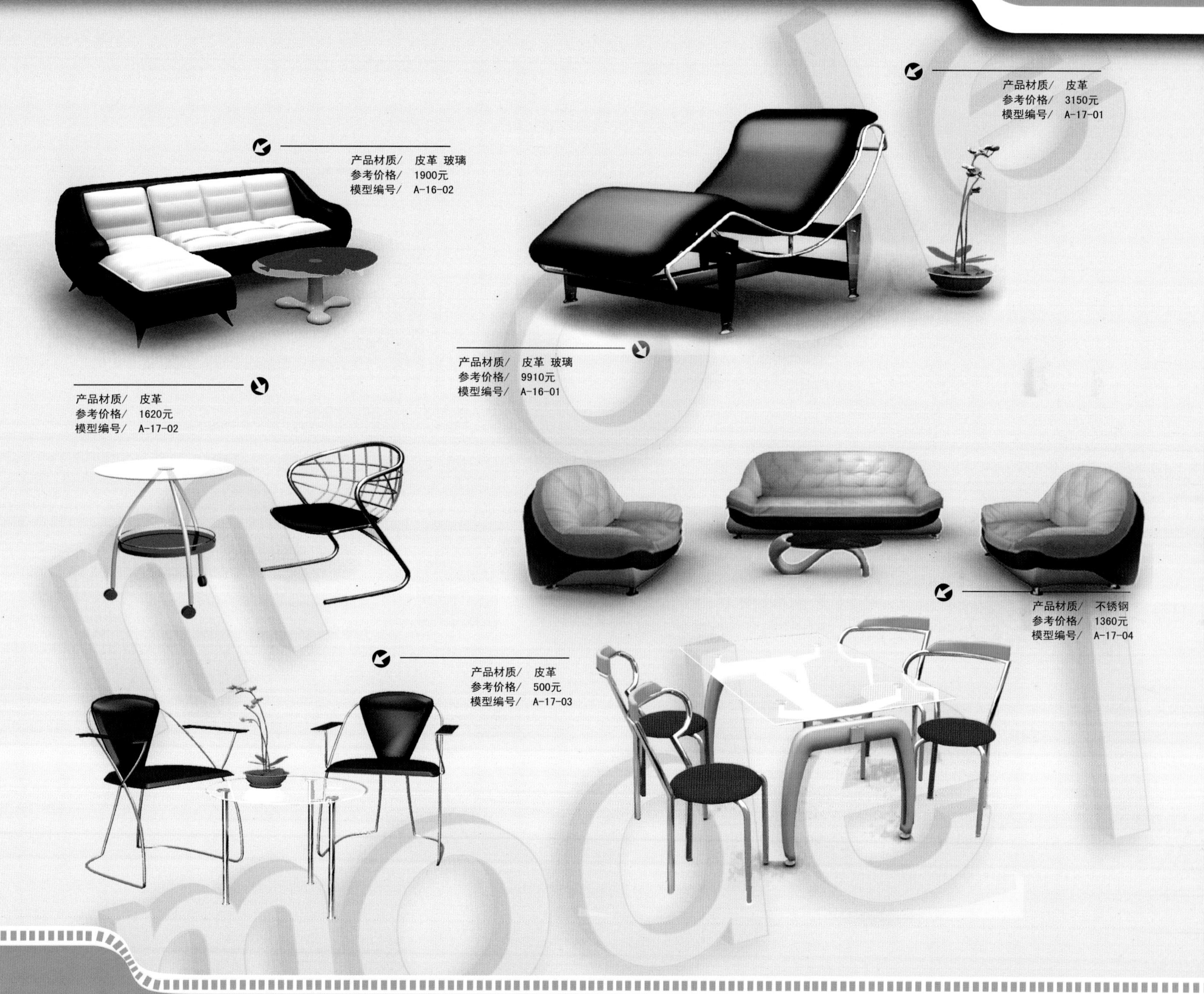
产品材质/ 皮革
参考价格/ 3150元
模型编号/ A-17-01
产品材质/ 皮革 玻璃
参考价格/ 1900元
模型编号/ A-16-02
产品材质/ 皮革 玻璃
参考价格/ 9910元
模型编号/ A-16-01
产品材质/ 皮革
参考价格/ 1620元
模型编号/ A-17-02
产品材质/ 不锈钢
参考价格/ 1360元
模型编号/ A-17-04
产品材质/ 皮革
参考价格/ 500元
模型编号/ A-17-03

产品材质/ 木质
参考价格/ 2050元
模型编号/ A-18-01

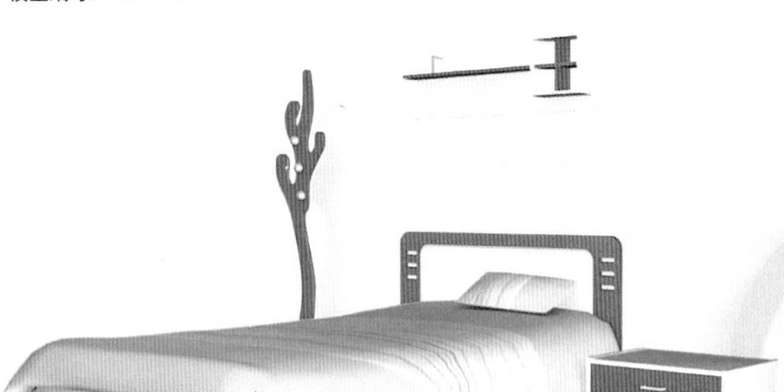

产品材质/ 木质
参考价格/ 2370元
模型编号/ A-18-02

产品材质/ 木质
参考价格/ 4260元
模型编号/ A-18-03

产品材质/ 木质
参考价格/ 2160元
模型编号/ A-18-04

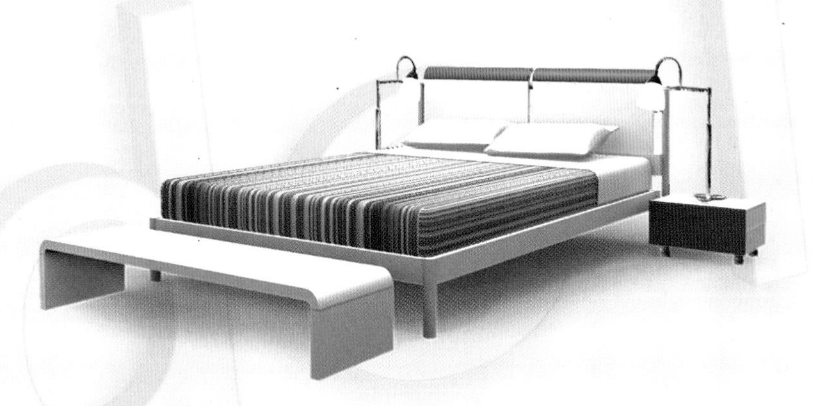

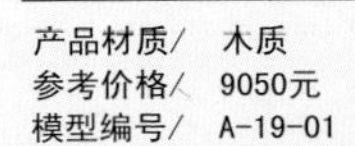

产品材质/ 木质
参考价格/ 9050元
模型编号/ A-19-01

产品材质/ 木质
参考价格/ 5750元
模型编号/ A-19-02

产品材质/ 木质
参考价格/ 3700元
模型编号/ A-19-03

产品材质/ 木质
参考价格/ 700元
模型编号/ A-19-04

产品材质/ 木质
参考价格/ 7800元
模型编号/ A-20-01
产品材质/ 木质
参考价格/ 3990元
模型编号/ A-20-02
产品材质/ 木质
参考价格/ 2980元
模型编号/ A-20-07
产品材质/ 木质
参考价格/ 825元
模型编号/ A-20-04
产品材质/ 木质
参考价格/ 1000元
模型编号/ A-20-05
产品材质/ 木质
参考价格/ 5500元
模型编号/ A-20-03
产品材质/ 木质
参考价格/ 1200元
模型编号/ A-20-08
产品材质/ 木质
参考价格/ 1000元
模型编号/ A-20-06
产品材质/ 木质
参考价格/ 1650元
模型编号/ A-20-09

品牌/木兰酒店

产品材质/ 水曲柳木 皮革
参考价格/ 2962元
模型编号/ A-21-01

产品材质/ 水曲柳木 纯棉提花布
参考价格/ 2335元
模型编号/ A-21-02

产品材质/ 水曲柳木
参考价格/ 8983元
模型编号/ A-21-03

产品材质/ 水曲柳木
参考价格/ 4970元
模型编号/ A-21-04

产品材质/ 烧毛石板台面 水曲柳木
参考价格/ 5668元
模型编号/ A-21-05

产品材质/ 水曲柳木
参考价格/ 2962元
模型编号/ A-21-06

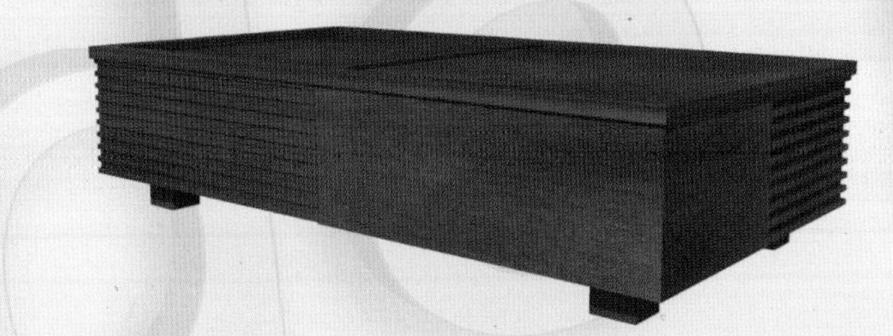

产品材质/ 水曲柳木
参考价格/ 15386元
模型编号/ A-21-07

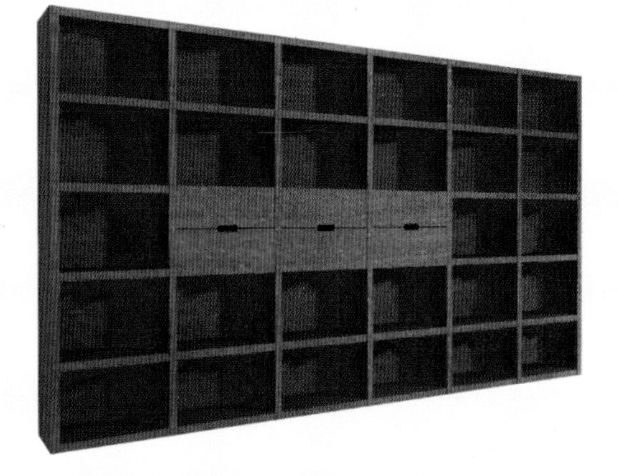

产品材质/ 水曲柳木
参考价格/ 1800元
模型编号/ A-21-08

产品材质/ 水曲柳木
参考价格/ 2138元
模型编号/ A-21-10

产品材质/ 水曲柳木 亚麻布
参考价格/ 18974元
模型编号/ A-21-12

产品材质/ 水曲柳木
参考价格/ 11800元
模型编号/ A-21-11

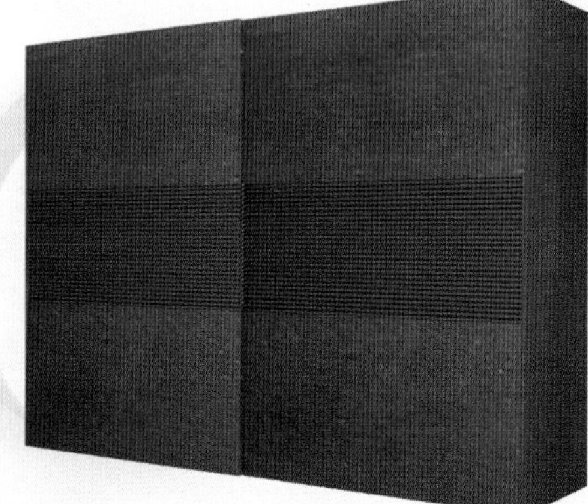

产品材质/ 水曲柳木
参考价格/ 11046元
模型编号/ A-21-09

品牌/源木

产品材质/ 铁梨木
参考价格/ 22000元
模型编号/ A-22-01

产品材质/ 铁梨木
参考价格/ 138000元
模型编号/ A-22-02

产品材质/ 铁梨木
参考价格/ 33800
模型编号/ A-22-03

产品材质/ 铁梨木
参考价格/ 28600元
模型编号/ A-22-04

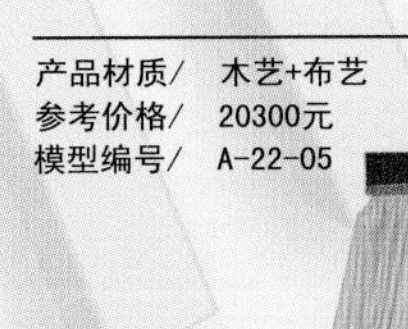

产品材质/ 木艺+布艺
参考价格/ 20300元
模型编号/ A-22-05

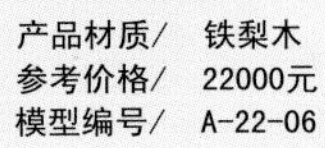

产品材质/ 铁梨木
参考价格/ 22000元
模型编号/ A-22-06

产品材质/ 木质
参考价格/ 4058元（木色） 4262元（白色）
模型编号/ A-23-01
产品材质/ 木质
参考价格/ 3504元（木色） 3678元（白色）
模型编号/ A-23-02
产品材质/ 木质
参考价格/ 6028元（木色） 6348元（白色）
模型编号/ A-23-03
产品材质/ 木质
参考价格/ 8188元（木色） 8594元（白色）
模型编号/ A-23-05
产品材质/ 木质
参考价格/ 2646元（木色） 2778元（白色）
模型编号/ A-23-04
产品材质/ 木质
参考价格/ 5760（木色） 6064元（白色）
模型编号/ A-23-06
产品材质/ 木质
参考价格/ 5760（木色） 6064（白色）
模型编号/ A-23-07

产品材质/ 木质
参考价格/ 2330元
模型编号/ A-24-03

产品材质/ 木质
参考价格/ 6062元
模型编号/ A-24-01

产品材质/ 木质
参考价格/ 4859元
模型编号/ A-24-02

产品材质/ 木质
参考价格/ 2980元
模型编号/ A-25-02

产品材质/ 木质
参考价格/ 4050元
模型编号/ A-25-01

产品材质/ 木质
参考价格/ 4030元 420元/个
模型编号/ A-25-03

产品材质/ 木质
参考价格/ 3680元
模型编号/ A-25-04

产品材质/ 木质
参考价格/ 1580元
模型编号/ A-25-05

产品材质/ 板木结合
参考价格/ 17000元
模型编号/ A-26-01

产品材质/ 板木结合
参考价格/ 12430元
模型编号/ A-26-02

产品材质/ 板木结合
参考价格/ 6300元
模型编号/ A-26-03

产品材质/ 板木结合
参考价格/ 13000元
模型编号/ A-26-04

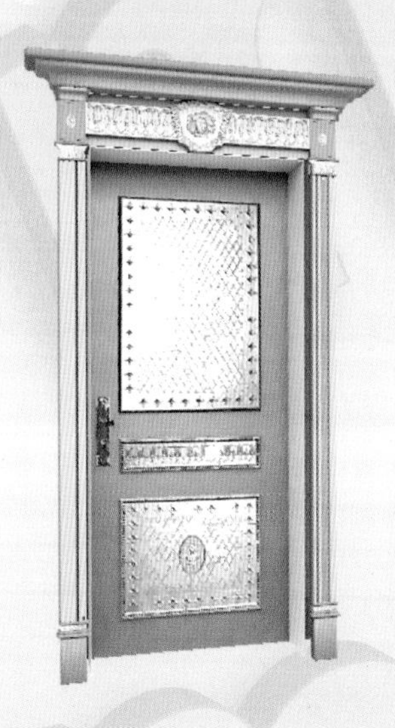

产品材质/ 板木结合
参考价格/ 21970元
模型编号/ A-26-05

产品材质/ 板木结合
参考价格/ 15440元
模型编号/ A-26-06

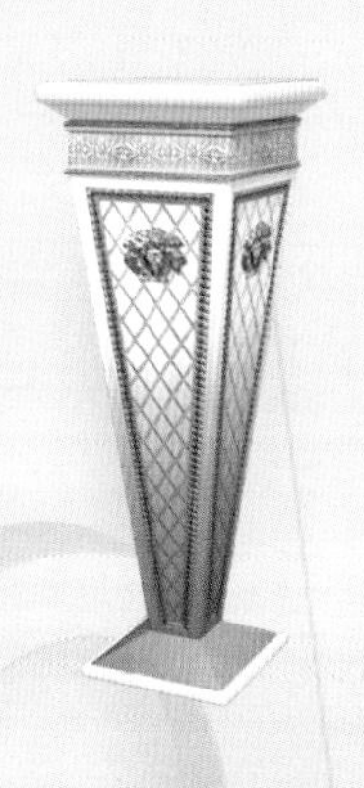

产品材质/ 板木结合
参考价格/ 5640元
模型编号/ A-26-07

品牌/奥凡仕

产品材质/ 板木结合
参考价格/ 25090元
模型编号/ A-26-12

产品材质/ 板木结合
参考价格/ 10440元
模型编号/ A-21-11

产品材质/ 板木结合
参考价格/ 9720元
模型编号/ A-26-08

产品材质/ 板木结合
参考价格/ 8000元
模型编号/ A-26-13

产品材质/ 板木结合
参考价格/ 15800元
模型编号/ A-26-10

产品材质/ 板木结合
参考价格/ 79400元/套
模型编号/ A-26-09

产品材质/ 板木结合
参考价格/ 68140元
模型编号/ A-26-14

产品材质/ 樱桃木
参考价格/ 8690元
模型编号/ A-27-01

产品材质/ 樱桃木
参考价格/ 2080元
模型编号/ A-27-04

产品材质/ 樱桃木
参考价格/ 1880元
模型编号/ A-27-02

产品材质/ 进口樱桃木
参考价格/ 4760元
模型编号/ A-27-06

产品材质/ 樱桃木
参考价格/ 10800元
模型编号/ A-27-03

产品材质/ 进口樱桃木
参考价格/ 18980元
模型编号/ A-27-09

产品材质/ 进口樱桃木
参考价格/ 9480元
模型编号/ A-27-08

产品材质/ 进口樱桃木
参考价格/ 1798元
模型编号/ A-27-07

产品材质/ 樱桃木
参考价格/ 5180元
模型编号/ A-27-05

产品材质/ 樱桃木
参考价格/ 11040元
模型编号/ A-28-01

产品材质/ 樱桃木
参考价格/ 4560元
模型编号/ A-28-06

产品材质/ 樱桃木
参考价格/ 4980元
模型编号/ A-28-05

产品材质/ 樱桃木
参考价格/ 3580元
模型编号/ A-28-07

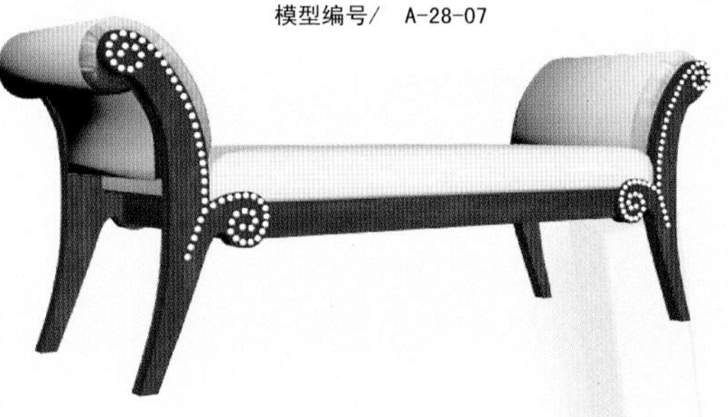

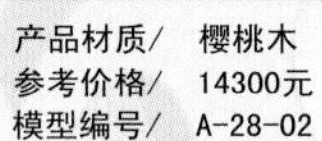
产品材质/ 樱桃木
参考价格/ 14300元
模型编号/ A-28-02

产品材质/ 樱桃木
参考价格/ 5360元
模型编号/ A-28-04

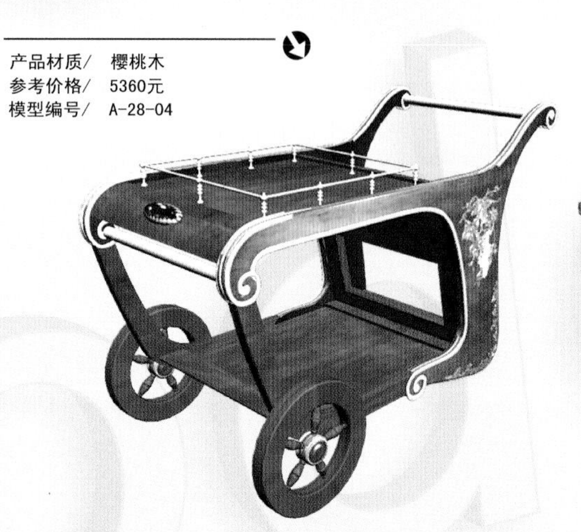

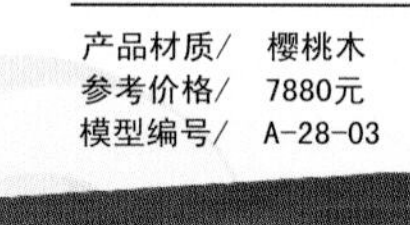
产品材质/ 樱桃木
参考价格/ 7880元
模型编号/ A-28-03

产品材质/ 樱桃木
参考价格/ 3980元
模型编号/ A-28-12

产品材质/ 樱桃木
参考价格/ 2800元
模型编号/ A-28-14

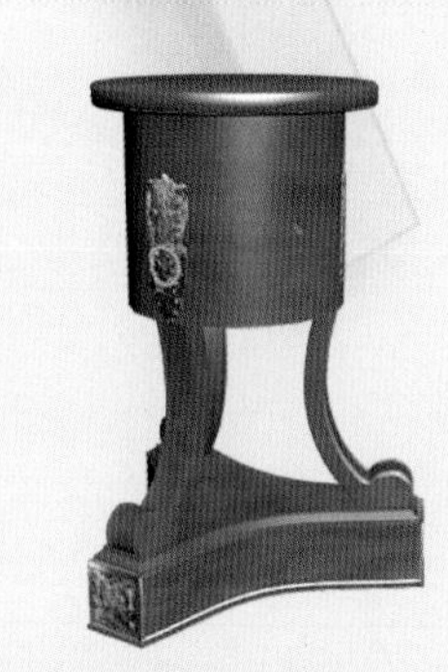

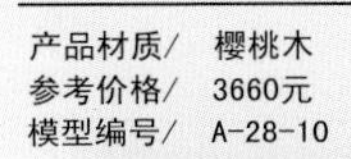

产品材质/ 樱桃木
参考价格/ 3660元
模型编号/ A-28-10

产品材质/ 樱桃木
参考价格/ 2960元
模型编号/ A-28-08

产品材质/ 樱桃木
参考价格/ 11398元
模型编号/ A-28-13

产品材质/ 樱桃木
参考价格/ 8960元
模型编号/ A-28-11

产品材质/ 樱桃木
参考价格/ 16800元
模型编号/ A-28-09

产品材质/ 樱桃木
参考价格/ 25680元
模型编号/ A-28-18

产品材质/ 樱桃木
参考价格/ 19600元
模型编号/ A-28-16

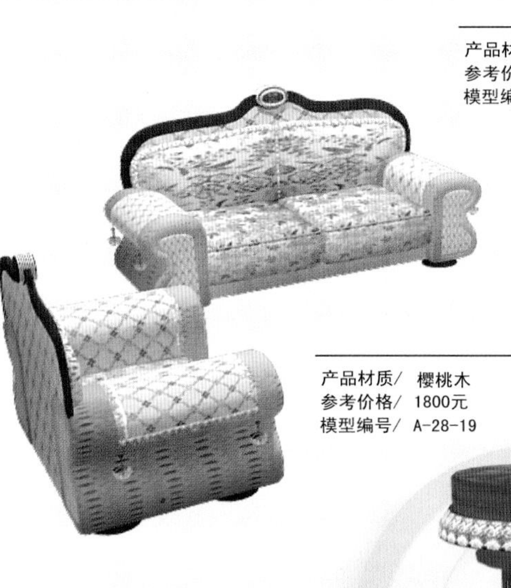

产品材质/ 樱桃木
参考价格/ 1800元
模型编号/ A-28-19

产品材质/ 樱桃木
参考价格/ 7580元
模型编号/ A-28-15

产品材质/ 樱桃木
参考价格/ 9340元
模型编号/ A-28-21

产品材质/ 樱桃木
参考价格/ 19890元
模型编号/ A-28-17

产品材质/ 樱桃木
参考价格/ 1460元
模型编号/ A-28-20

产品材质/ 樱桃木
参考价格/ 2080元
模型编号/ A-28-28

产品材质/ 樱桃木
参考价格/ 5440元
模型编号/ A-28-27

产品材质/ 樱桃木
参考价格/ 6080元
模型编号/ A-28-24

产品材质/ 樱桃木
参考价格/ 5660元
模型编号/ A-28-25

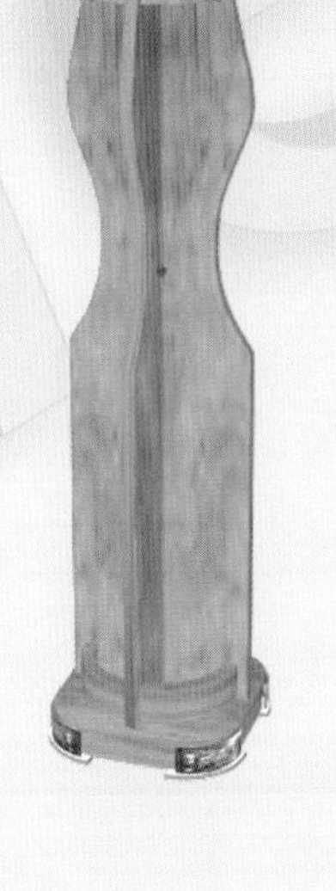

产品材质/ 樱桃木
参考价格/ 11398元
模型编号/ A-28-26

产品材质/ 樱桃木
参考价格/ 12600元
模型编号/ A-28-22

产品材质/ 樱桃木
参考价格/ 2160元
模型编号/ A-28-23

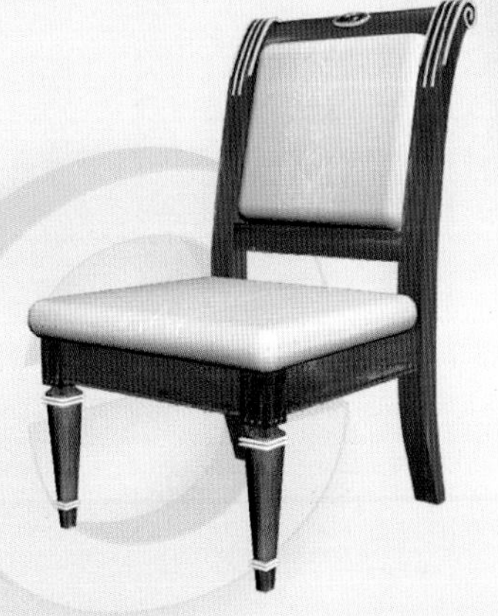

产品材质/ 樱桃木
参考价格/ 3880元
模型编号/ A-28-29

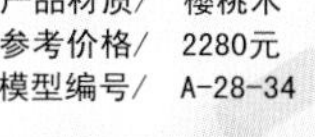
产品材质/ 樱桃木
参考价格/ 2280元
模型编号/ A-28-34

产品材质/ 樱桃木
参考价格/ 2780元
模型编号/ A-28-30

产品材质/ 樱桃木
参考价格/ 13980元
模型编号/ A-28-33

产品材质/ 樱桃木
参考价格/ 14240元
模型编号/ A-28-32

产品材质/ 樱桃木
参考价格/ 2960元
模型编号/ A-28-31

产品材质/　沙比利实木
参考价格/　18650元
模型编号/　A-29-13

产品材质/　沙比利实木
参考价格/　19100元
模型编号/　A-29-02

产品材质/　沙比利实木
参考价格/　10980元
模型编号/　A-29-06

产品材质/　沙比利实木
参考价格/　20050元
模型编号/　A-29-07

产品材质/　沙比利实木
参考价格/　13980元
模型编号/　A-29-11

产品材质/　沙比利实木
参考价格/　3560元
模型编号/　A-29-01

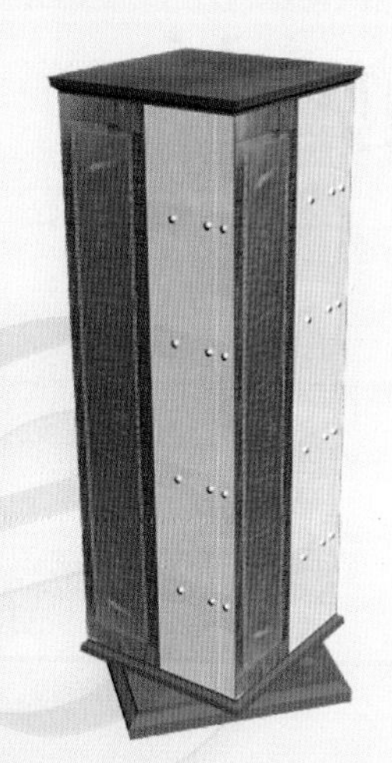

产品材质/ 沙比利实木
参考价格/ 10520元
模型编号/ A-29-12

产品材质/ 沙比利实木
参考价格/ 6990元
模型编号/ A-29-09

产品材质/ 沙比利实木
参考价格/ 8180元
模型编号/ A-29-05

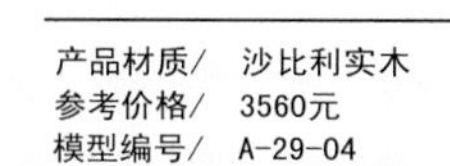

产品材质/ 沙比利实木
参考价格/ 14800元
模型编号/ A-29-10

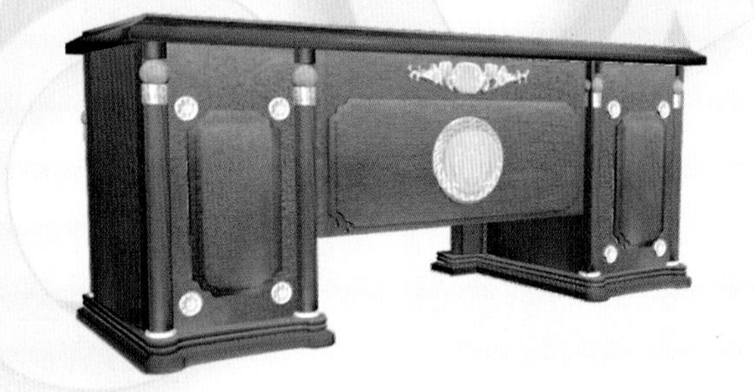

产品材质/ 沙比利实木
参考价格/ 3560元
模型编号/ A-29-04

产品材质/ 沙比利实木
参考价格/ 31880元
模型编号/ A-29-08

产品材质/ 沙比利实木
参考价格/ 32200元
模型编号/ A-29-03

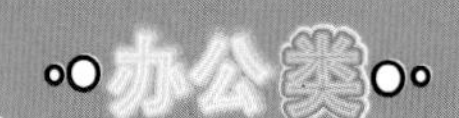
办公类

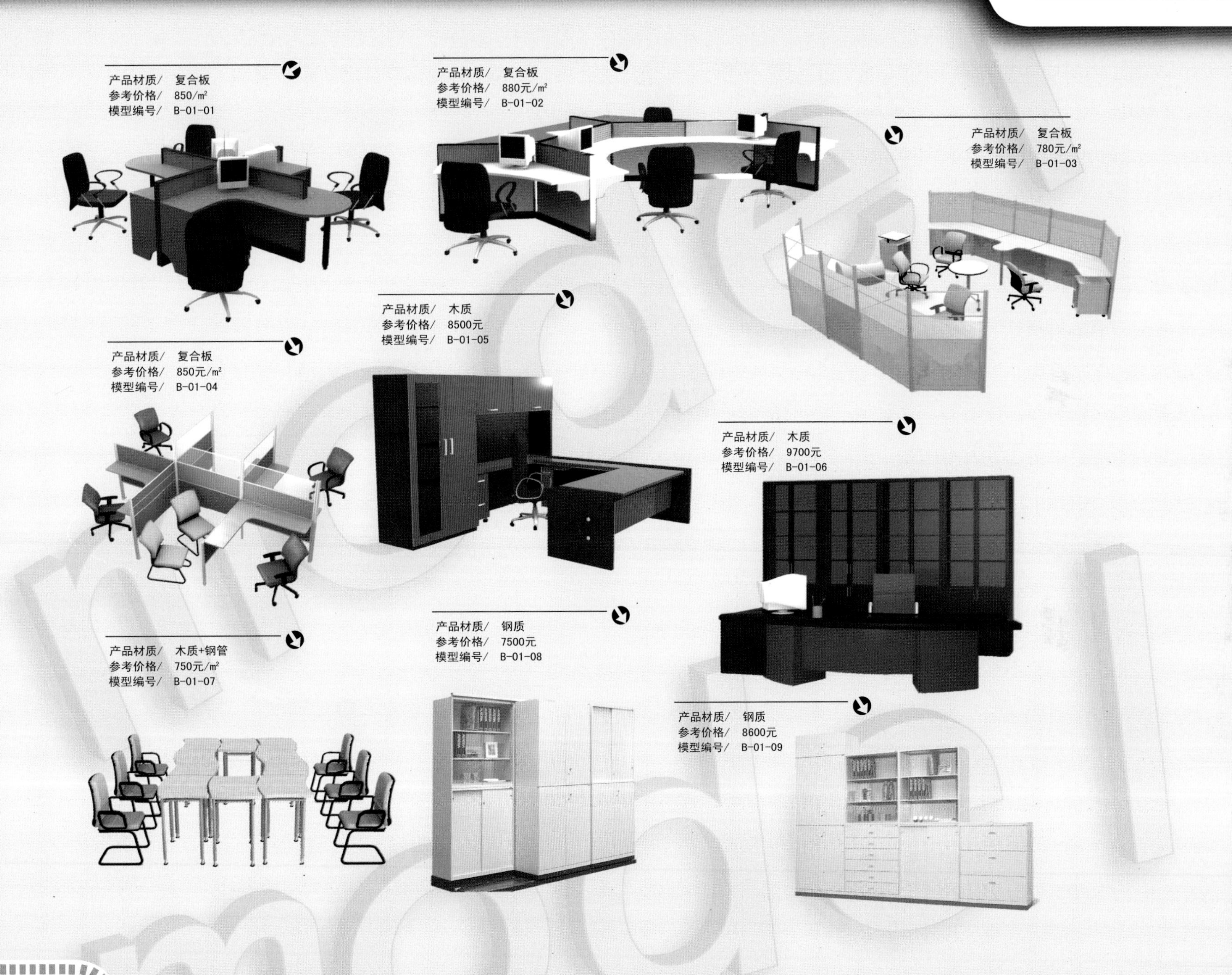
产品材质/ 复合板
参考价格/ 850/㎡
模型编号/ B-01-01
产品材质/ 复合板
参考价格/ 880元/㎡
模型编号/ B-01-02
产品材质/ 复合板
参考价格/ 780元/㎡
模型编号/ B-01-03
产品材质/ 复合板
参考价格/ 850元/㎡
模型编号/ B-01-04
产品材质/ 木质
参考价格/ 8500元
模型编号/ B-01-05
产品材质/ 木质
参考价格/ 9700元
模型编号/ B-01-06
产品材质/ 木质+钢管
参考价格/ 750元/㎡
模型编号/ B-01-07
产品材质/ 钢质
参考价格/ 7500元
模型编号/ B-01-08
产品材质/ 钢质
参考价格/ 8600元
模型编号/ B-01-09

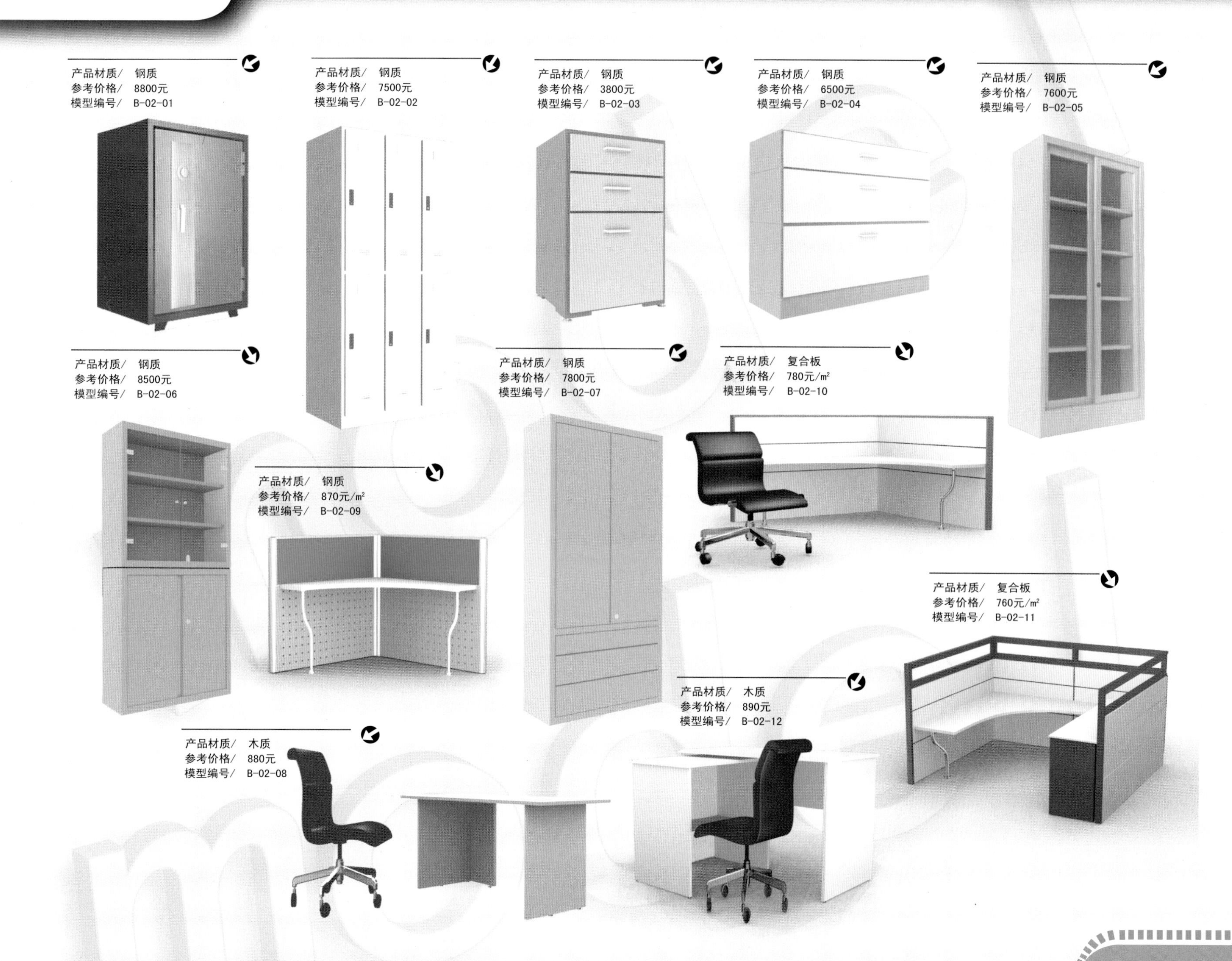
产品材质/ 钢质
参考价格/ 8800元
模型编号/ B-02-01
产品材质/ 钢质
参考价格/ 7500元
模型编号/ B-02-02
产品材质/ 钢质
参考价格/ 3800元
模型编号/ B-02-03
产品材质/ 钢质
参考价格/ 6500元
模型编号/ B-02-04
产品材质/ 钢质
参考价格/ 7600元
模型编号/ B-02-05
产品材质/ 钢质
参考价格/ 8500元
模型编号/ B-02-06
产品材质/ 钢质
参考价格/ 7800元
模型编号/ B-02-07
产品材质/ 复合板
参考价格/ 780元/㎡
模型编号/ B-02-10
产品材质/ 钢质
参考价格/ 870元/㎡
模型编号/ B-02-09
产品材质/ 复合板
参考价格/ 760元/㎡
模型编号/ B-02-11
产品材质/ 木质
参考价格/ 890元
模型编号/ B-02-12
产品材质/ 木质
参考价格/ 880元
模型编号/ B-02-08

产品材质/ 进口胡桃木皮饰面
参考价格/ 11600元
模型编号/ B-03-05

产品材质/ 进口胡桃木皮饰面
参考价格/ 8800元
模型编号/ B-03-02

产品材质/ 木质
参考价格/ 9600元
模型编号/ B-03-06

产品材质/ 进口胡桃木皮饰面
参考价格/ 7300元
模型编号/ B-03-01

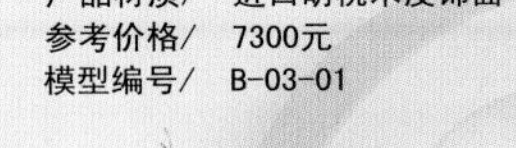

产品材质/ 进口胡桃木皮饰面
参考价格/ 7790元
模型编号/ B-03-03

产品材质/ 进口胡桃木皮饰面
参考价格/ 6500元
模型编号/ B-03-04

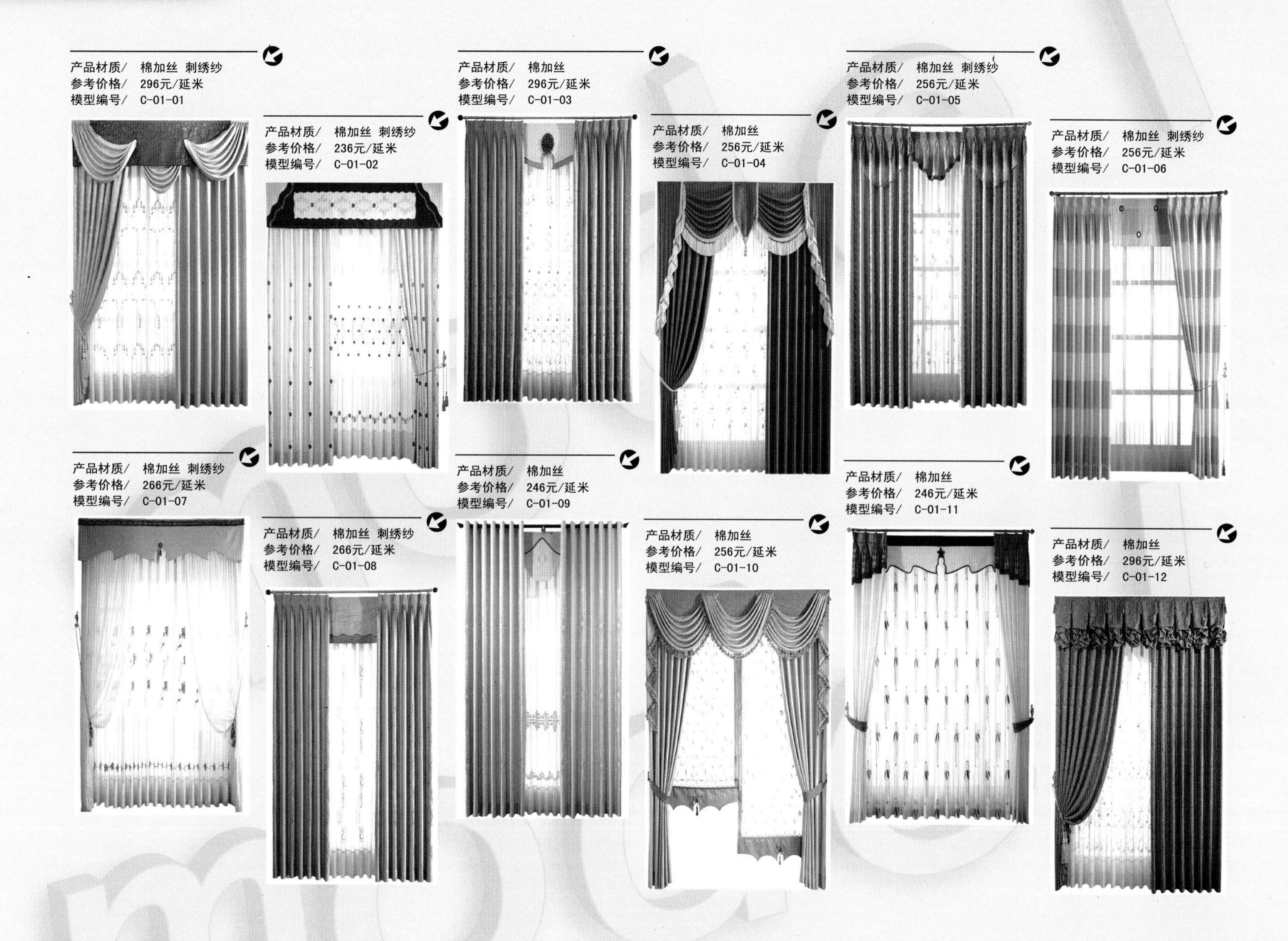
产品材质/ 棉加丝 刺绣纱
参考价格/ 296元/延米
模型编号/ C-01-01
产品材质/ 棉加丝 刺绣纱
参考价格/ 236元/延米
模型编号/ C-01-02
产品材质/ 棉加丝
参考价格/ 296元/延米
模型编号/ C-01-03
产品材质/ 棉加丝
参考价格/ 256元/延米
模型编号/ C-01-04
产品材质/ 棉加丝 刺绣纱
参考价格/ 256元/延米
模型编号/ C-01-05
产品材质/ 棉加丝 刺绣纱
参考价格/ 256元/延米
模型编号/ C-01-06
产品材质/ 棉加丝 刺绣纱
参考价格/ 266元/延米
模型编号/ C-01-07
产品材质/ 棉加丝 刺绣纱
参考价格/ 266元/延米
模型编号/ C-01-08
产品材质/ 棉加丝
参考价格/ 246元/延米
模型编号/ C-01-09
产品材质/ 棉加丝
参考价格/ 256元/延米
模型编号/ C-01-10
产品材质/ 棉加丝
参考价格/ 246元/延米
模型编号/ C-01-11
产品材质/ 棉加丝
参考价格/ 296元/延米
模型编号/ C-01-12

产品材质/ 布料
参考价格/ 128元/延米
模型编号/ C-02-01

产品材质/ 布料
参考价格/ 118元/延米
模型编号/ C-02-02

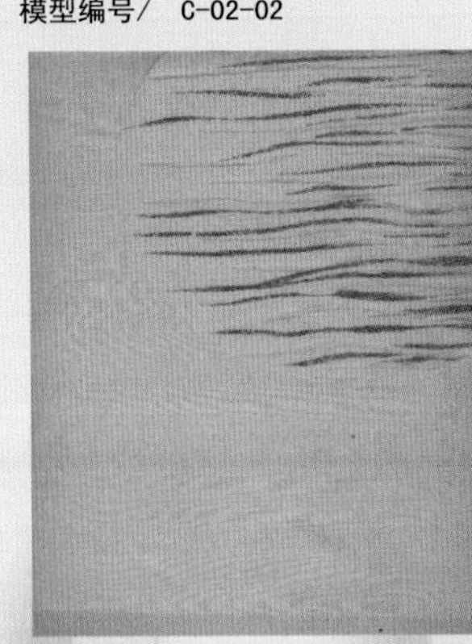

产品材质/ 布料
参考价格/ 128元/延米
模型编号/ C-02-03

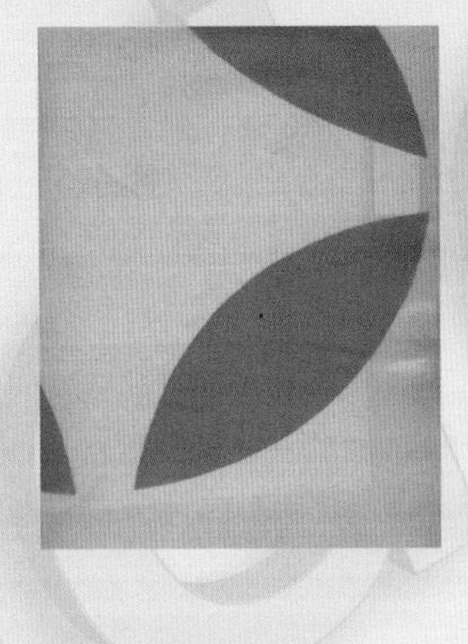

产品材质/ 布料
参考价格/ 118元/延米
模型编号/ C-02-04

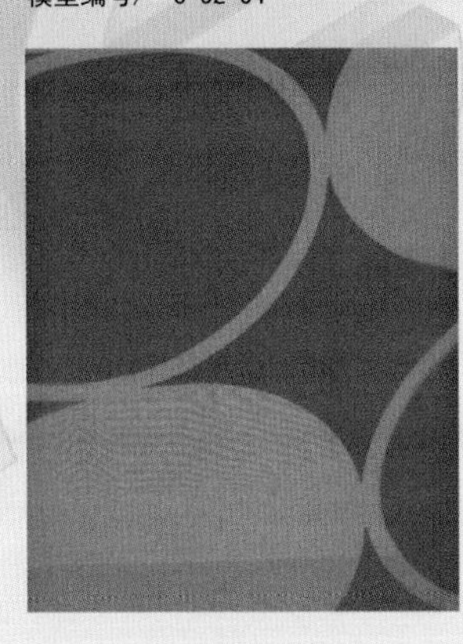

产品材质/ 布料
参考价格/ 128元/延米
模型编号/ C-02-05

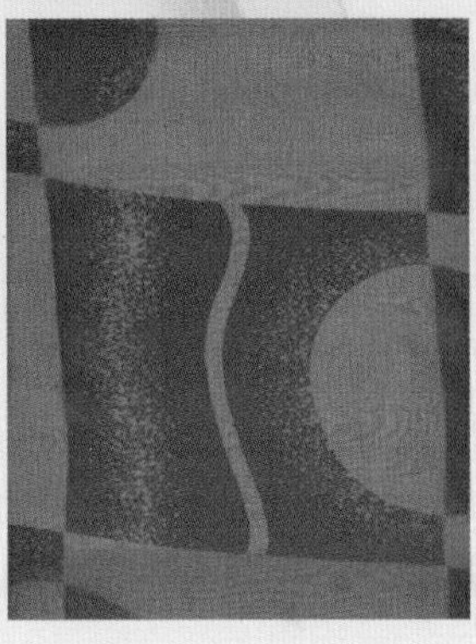

产品材质/ 布料
参考价格/ 128元/延米
模型编号/ C-02-06

产品材质/ 布料
参考价格/ 120元/延米
模型编号/ C-02-07

产品材质/ 布料
参考价格/ 120元/延米
模型编号/ C-02-08

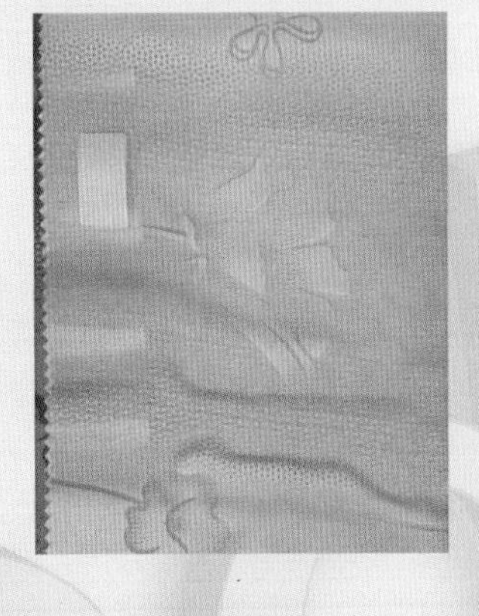

产品材质/ 布料
参考价格/ 130元/延米
模型编号/ C-02-09

产品材质/ 布料
参考价格/ 130元/延米
模型编号/ C-02-10

产品材质/ 布料
参考价格/ 120元/延米
模型编号/ C-02-11

产品材质/ 布料
参考价格/ 160元/延米
模型编号/ C-02-12

产品材质/ 布料
参考价格/ 110元/延米
模型编号/ C-02-13

产品材质/ 布料
参考价格/ 120元/延米
模型编号/ C-02-14

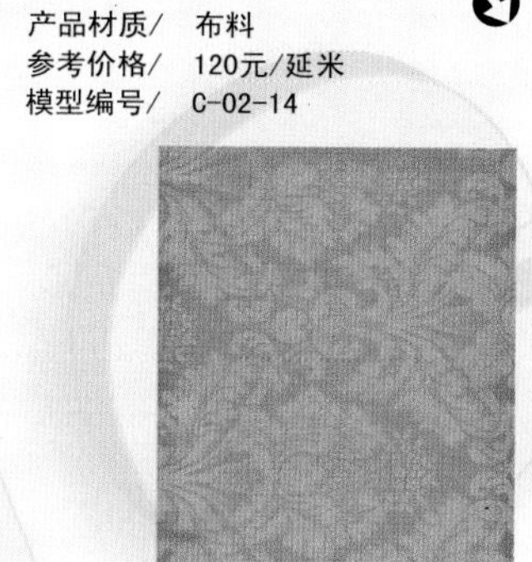

产品材质/ 布料
参考价格/ 118元/延米
模型编号/ C-02-15

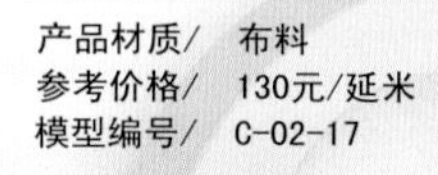

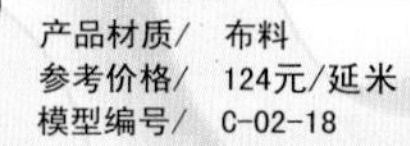

产品材质/ 布料
参考价格/ 110元/延米
模型编号/ C-02-16

产品材质/ 布料
参考价格/ 130元/延米
模型编号/ C-02-17

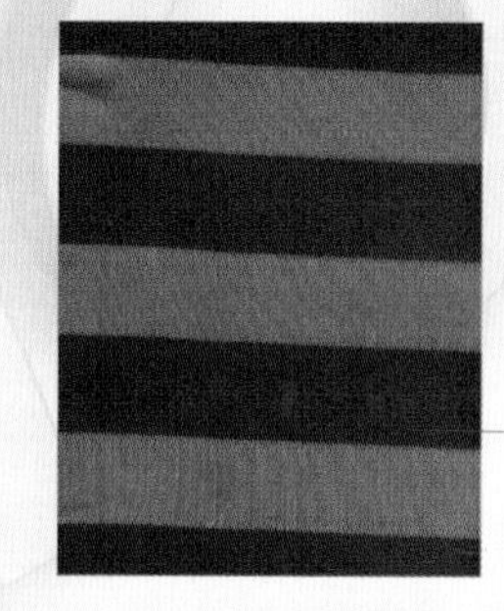

产品材质/ 布料
参考价格/ 124元/延米
模型编号/ C-02-18

产品材质/ 布料
参考价格/ 129元/延米
模型编号/ C-02-19

产品材质/ 布料
参考价格/ 135元/延米
模型编号/ C-02-20

产品材质/ 布料
参考价格/ 152元/延米
模型编号/ C-02-21

产品材质/ 布料
参考价格/ 118元/延米
模型编号/ C-02-22

产品材质/ 布料
参考价格/ 130元/延米
模型编号/ C-02-23

产品材质/ 布料
参考价格/ 128元/延米
模型编号/ C-02-24

灯具类

产品材质/ 彩色玻璃
参考价格/ 8490元
模型编号/ D-01-01
产品材质/ 彩色玻璃
参考价格/ 5160元
模型编号/ D-01-02
产品材质/ 彩色玻璃
参考价格/ 5800元
模型编号/ D-01-03
产品材质/ 彩色玻璃
参考价格/ 2400元
模型编号/ D-01-04
产品材质/ 彩色玻璃
参考价格/ 2400元
模型编号/ D-01-05
产品材质/ 彩色玻璃
参考价格/ 1500元
模型编号/ D-01-06
产品材质/ 彩色玻璃
参考价格/ 1600元
模型编号/ D-01-07
产品材质/ 彩色玻璃
参考价格/ 1980元
模型编号/ D-01-08

品牌/巨光

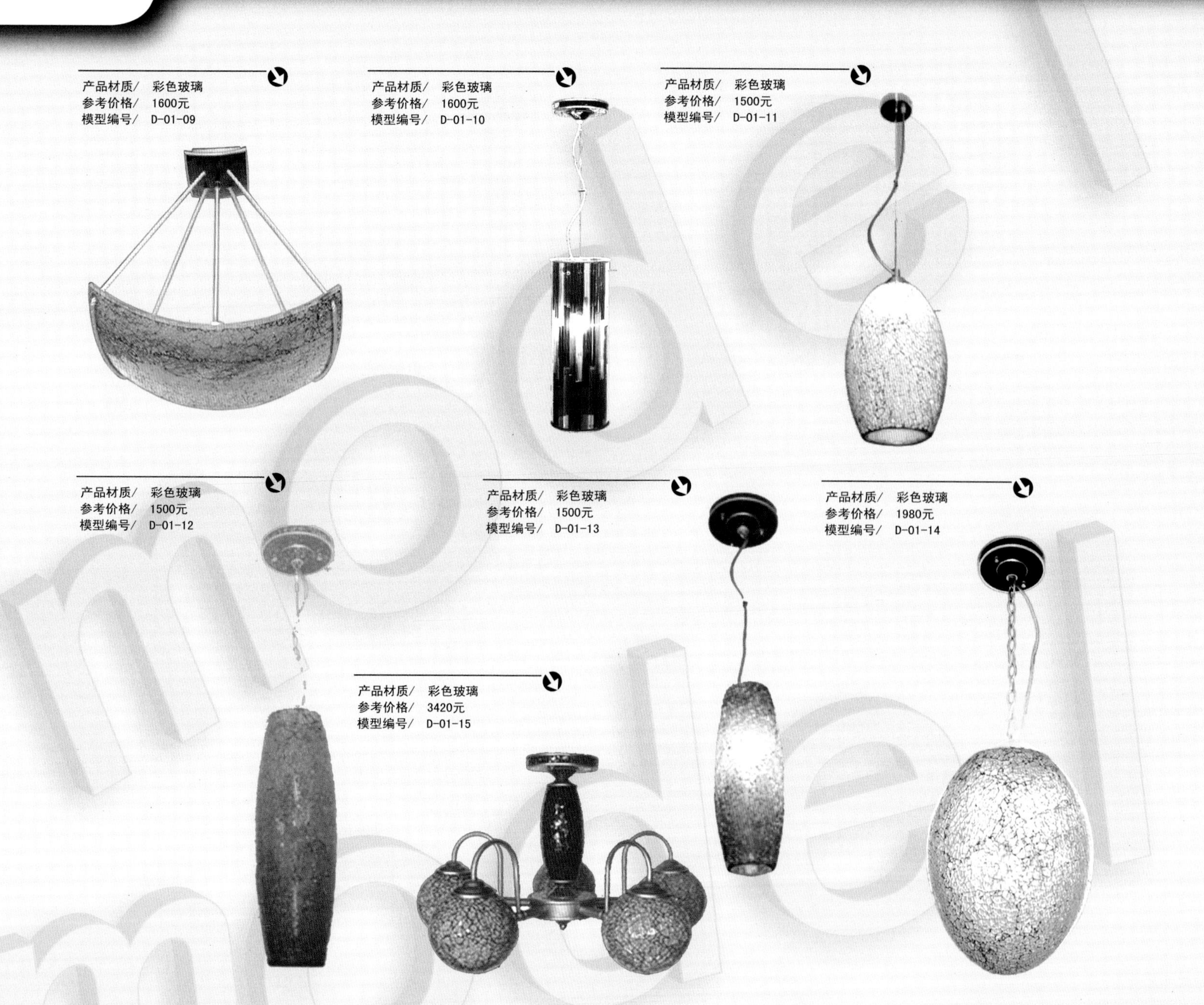

产品材质/ 彩色玻璃
参考价格/ 1600元
模型编号/ D-01-09

产品材质/ 彩色玻璃
参考价格/ 1600元
模型编号/ D-01-10

产品材质/ 彩色玻璃
参考价格/ 1500元
模型编号/ D-01-11

产品材质/ 彩色玻璃
参考价格/ 1500元
模型编号/ D-01-12

产品材质/ 彩色玻璃
参考价格/ 1500元
模型编号/ D-01-13

产品材质/ 彩色玻璃
参考价格/ 1980元
模型编号/ D-01-14

产品材质/ 彩色玻璃
参考价格/ 3420元
模型编号/ D-01-15

品牌/巨光

产品材质/　金属 布艺
参考价格/　245元
模型编号/　D-02-01

产品材质/　金属 布艺
参考价格/　295元
模型编号/　D-02-02

产品材质/　金属 布艺
参考价格/　245元
模型编号/　D-02-03

产品材质/　金属 布艺
参考价格/　680元
模型编号/　D-02-04

产品材质/　金属 布艺
参考价格/　196元
模型编号/　D-02-05

产品材质/　金属 布艺
参考价格/　325元
模型编号/　D-02-06

产品材质/　金属 布艺
参考价格/　390元
模型编号/　D-02-07

产品材质/　金属 布艺
参考价格/　230元
模型编号/　D-02-08

产品材质/　金属 布艺
参考价格/　620元
模型编号/　D-02-09

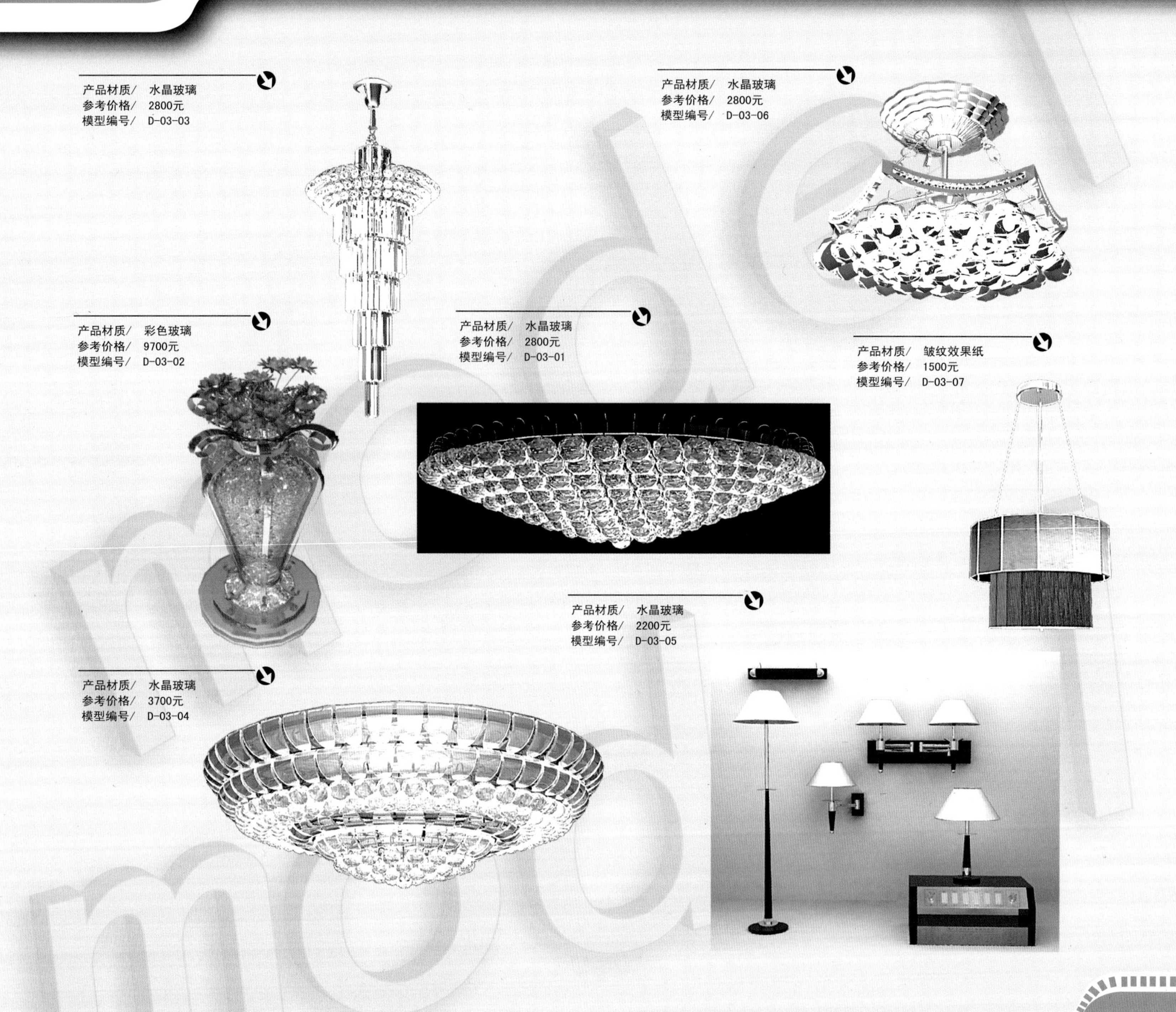
产品材质/ 水晶玻璃
参考价格/ 2800元
模型编号/ D-03-03
产品材质/ 水晶玻璃
参考价格/ 2800元
模型编号/ D-03-06
产品材质/ 彩色玻璃
参考价格/ 9700元
模型编号/ D-03-02
产品材质/ 水晶玻璃
参考价格/ 2800元
模型编号/ D-03-01
产品材质/ 皱纹效果纸
参考价格/ 1500元
模型编号/ D-03-07
产品材质/ 水晶玻璃
参考价格/ 2200元
模型编号/ D-03-05
产品材质/ 水晶玻璃
参考价格/ 3700元
模型编号/ D-03-04

灯具类

产品材质/ 铁 玻璃
参考价格/ 532元
模型编号/ D-04-01
产品材质/ 铁 玻璃
参考价格/ 1560元
模型编号/ D-04-02
产品材质/ 铁 玻璃
参考价格/ 978元
模型编号/ D-04-03
产品材质/ 铁 玻璃
参考价格/ 745元
模型编号/ D-04-04
产品材质/ 铁 玻璃
参考价格/ 835元
模型编号/ D-04-05

产品材质/ 亚克力
参考价格/ 120元
模型编号/ D-05-01

产品材质/ 亚克力
参考价格/ 120元
模型编号/ D-05-02

产品材质/ 亚克力
参考价格/ 120元
模型编号/ D-05-03

产品材质/ 亚克力
参考价格/ 400元
模型编号/ D-05-04

产品材质/ 亚克力
参考价格/ 180元
模型编号/ D-05-05

产品材质/ 亚克力
参考价格/ 180元
模型编号/ D-05-06

产品材质/ 亚克力
参考价格/ 180元
模型编号/ D-05-07

产品材质/ 亚克力
参考价格/ 120元
模型编号/ D-05-08

品牌/松下

产品材质/ 亚克力
参考价格/ 120元
模型编号/ D-05-09

产品材质/ 亚克力
参考价格/ 180元
模型编号/ D-05-10

产品材质/ 亚克力
参考价格/ 120元
模型编号/ D-05-11

产品材质/ 亚克力
参考价格/ 450元
模型编号/ D-05-12

产品材质/ 亚克力
参考价格/ 160元
模型编号/ D-05-13

产品材质/ 亚克力
参考价格/ 180元
模型编号/ D-05-15

产品材质/ 亚克力
参考价格/ 180元
模型编号/ D-05-14

产品材质/ 亚克力
参考价格/ 200元
模型编号/ D-05-16

品牌/松下

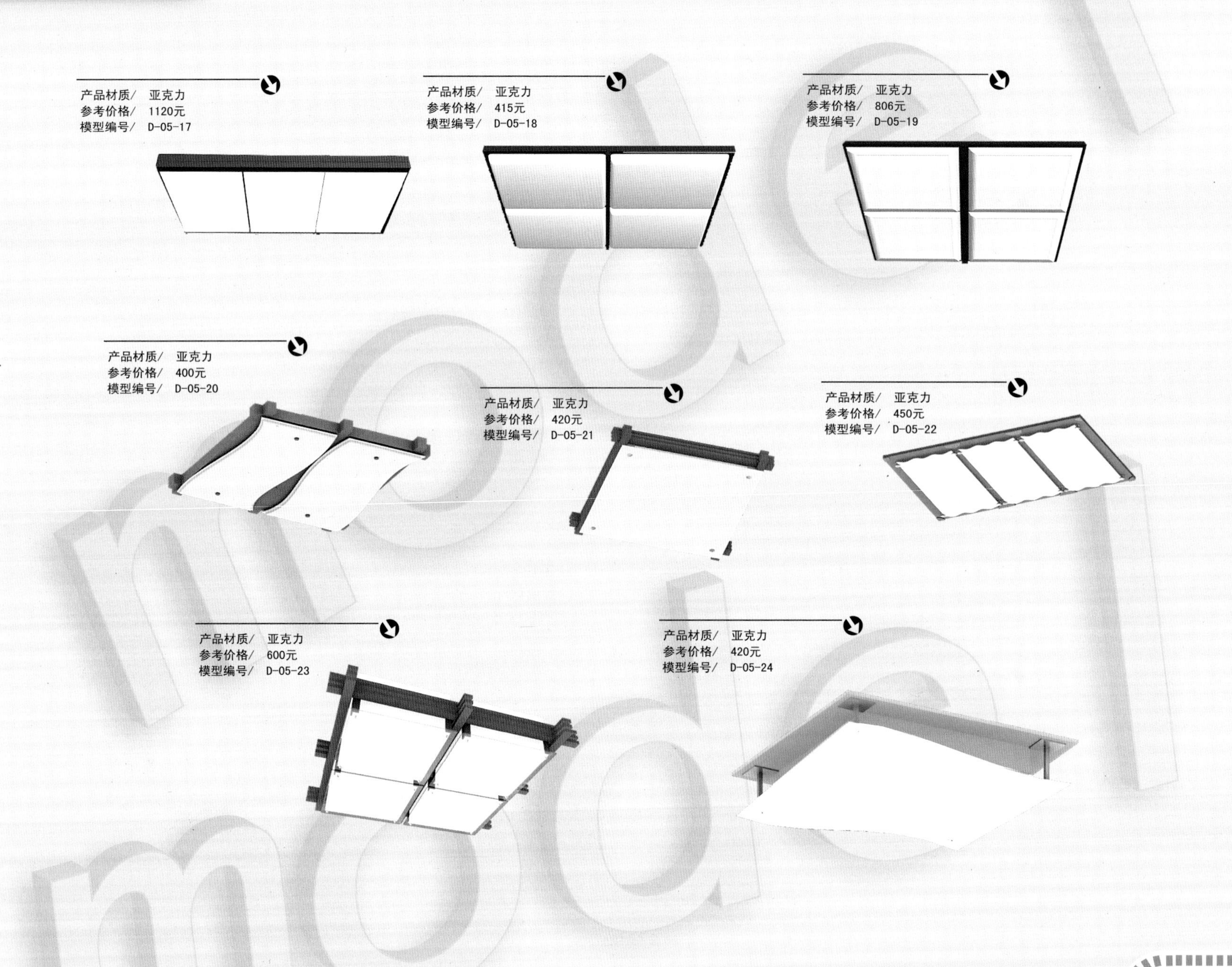

产品材质/ 亚克力
参考价格/ 1120元
模型编号/ D-05-17

产品材质/ 亚克力
参考价格/ 415元
模型编号/ D-05-18

产品材质/ 亚克力
参考价格/ 806元
模型编号/ D-05-19

产品材质/ 亚克力
参考价格/ 400元
模型编号/ D-05-20

产品材质/ 亚克力
参考价格/ 420元
模型编号/ D-05-21

产品材质/ 亚克力
参考价格/ 450元
模型编号/ D-05-22

产品材质/ 亚克力
参考价格/ 600元
模型编号/ D-05-23

产品材质/ 亚克力
参考价格/ 420元
模型编号/ D-05-24

品牌/松下

产品材质/ 壁纸
参考价格/ 15元/㎡
编号/ E-01-01

产品材质/ 壁纸
参考价格/ 18元/㎡
编号/ E-01-02

产品材质/ 壁纸
参考价格/ 15元/㎡
编号/ E-01-03

产品材质/ 壁纸
参考价格/ 18元/㎡
编号/ E-01-04

产品材质/ 壁纸
参考价格/ 15元/㎡
编号/ E-01-05

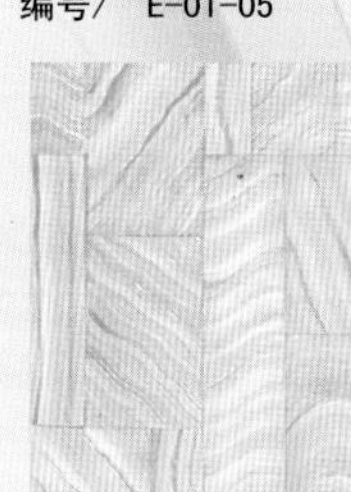

产品材质/ 壁纸
参考价格/ 15元/㎡
编号/ E-01-06

产品材质/ 壁纸
参考价格/ 15元/㎡
编号/ E-01-07

产品材质/ 壁纸
参考价格/ 18元/㎡
编号/ E-01-08

产品材质/ 壁纸
参考价格/ 15元/㎡
编号/ E-01-09

产品材质/ 壁纸
参考价格/ 15元/㎡
编号/ E-01-10

产品材质/ 壁纸
参考价格/ 15元/㎡
编号/ E-01-11

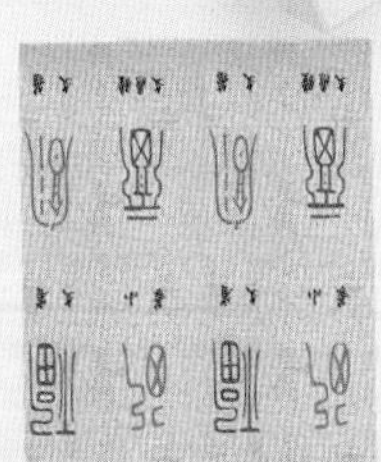

产品材质/ 壁纸
参考价格/ 15元/㎡
编号/ E-01-12

产品材质/ 壁纸
参考价格/ 15元/㎡
编号/ E-01-13

产品材质/ 壁纸
参考价格/ 15元/㎡
编号/ E-01-14

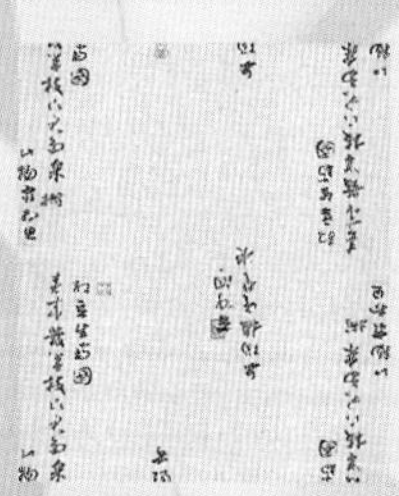

产品材质/ 壁纸
参考价格/ 15元/㎡
编号/ E-01-15

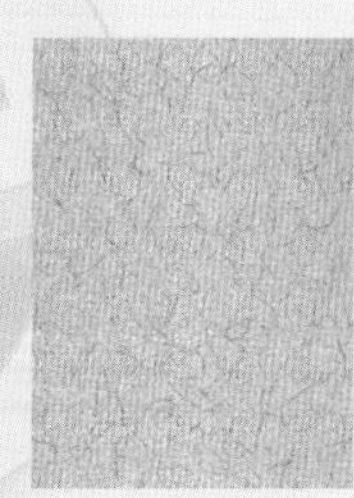

产品材质/ 壁纸
参考价格/ 15元/㎡
编号/ E-01-16

产品材质/ 壁纸
参考价格/ 18元/㎡
编号/ E-01-17

产品材质/ 壁纸
参考价格/ 15元/㎡
编号/ E-01-18

产品材质/ 壁纸
参考价格/ 18元/㎡
编号/ E-01-19

产品材质/ 壁纸
参考价格/ 18元/㎡
编号/ E-01-20

产品材质/ 壁纸
参考价格/ 18元/㎡
编号/ E-01-21

产品材质/ 壁纸
参考价格/ 15元/㎡
编号/ E-01-22

产品材质/ 壁纸
参考价格/ 18元/㎡
编号/ E-01-23

产品材质/ 壁纸
参考价格/ 15元/㎡
编号/ E-01-24

产品材质/ 壁纸
参考价格/ 18元/㎡
编号/ E-01-25

产品材质/ 壁纸
参考价格/ 18元/㎡
编号/ E-01-26

产品材质/ 壁纸
参考价格/ 15元/㎡
编号/ E-01-27

产品材质/ 壁纸
参考价格/ 18元/㎡
编号/ E-01-28

产品材质/ 壁纸
参考价格/ 15元/㎡
编号/ E-01-29

产品材质/ 壁纸
参考价格/ 18元/㎡
编号/ E-02-1

产品材质/ 壁纸
参考价格/ 18元/㎡
编号/ E-02-02

产品材质/ 壁纸
参考价格/ 18元/㎡
编号/ E-02-03

产品材质/ 壁纸
参考价格/ 18元/㎡
编号/ E-02-04

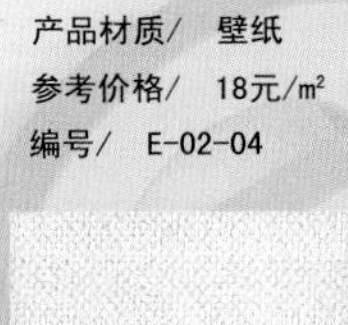

产品材质/ 壁纸
参考价格/ 18元/㎡
编号/ E-02-05

产品材质/ 壁纸
参考价格/ 18元/㎡
编号/ E-02-06

产品材质/ 壁纸
参考价格/ 18元/㎡
编号/ E-02-07

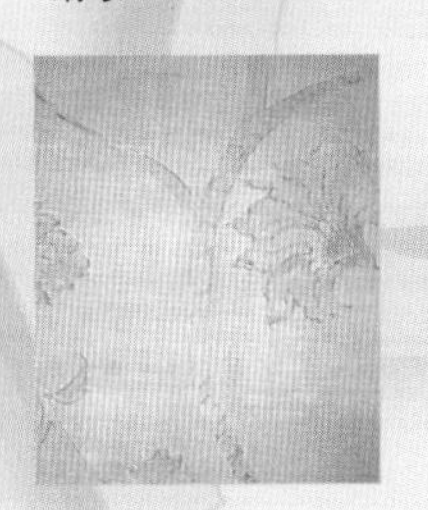

产品材质/ 壁纸
参考价格/ 18元/㎡
编号/ E-02-08

产品材质/ 壁纸
参考价格/ 18元/㎡
编号/ E-02-09

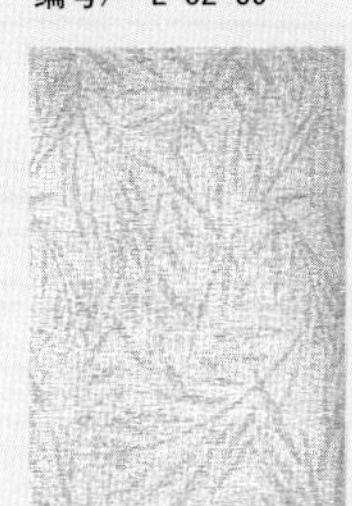

产品材质/ 壁纸
参考价格/ 18元/㎡
编号/ E-02-10

产品材质/ 壁纸
参考价格/ 18元/㎡
编号/ E-02-11

产品材质/ 壁纸
参考价格/ 18元/㎡
编号/ E-02-12

产品材质/ 壁纸
参考价格/ 18元/㎡
编号/ E-02-13

产品材质/ 壁纸
参考价格/ 18元/㎡
编号/ E-02-14

产品材质/ 壁纸
参考价格/ 18元/㎡
编号/ E-02-15

产品材质/ 壁纸
参考价格/ 18元/㎡
编号/ E-02-16

产品材质/ 壁纸
参考价格/ 18元/㎡
编号/ E-02-17

产品材质/ 壁纸
参考价格/ 18元/㎡
编号/ E-02-18

产品材质/ 壁纸
参考价格/ 18元/㎡
编号/ E-02-19

产品材质/ 壁纸
参考价格/ 18元/㎡
编号/ E-02-20

产品材质/ 壁纸
参考价格/ 18元/㎡
编号/ E-02-21

产品材质/ 壁纸
参考价格/ 18元/㎡
编号/ E-02-22

产品材质/ 壁纸
参考价格/ 18元/㎡
编号/ E-02-23

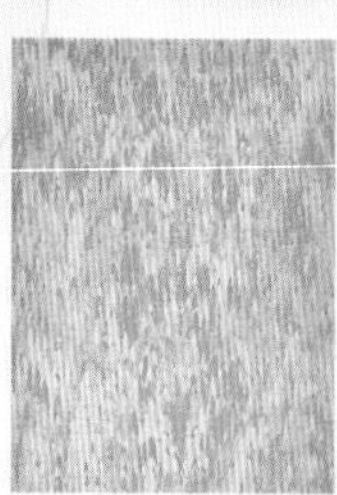

产品材质/ 壁纸
参考价格/ 18元/㎡
编号/ E-02-24

产品材质/ 壁纸
参考价格/ 18元/㎡
编号/ E-02-25

产品材质/ 壁纸
参考价格/ 18元/㎡
编号/ E-02-26

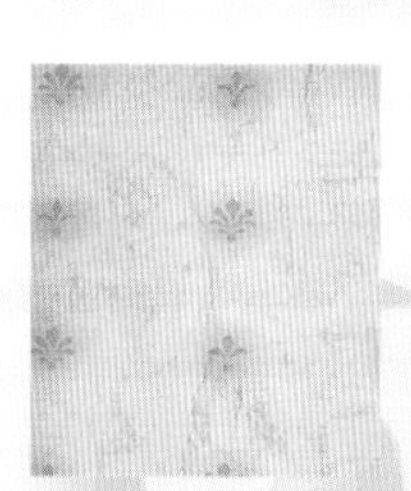

产品材质/ 壁纸
参考价格/ 18元/㎡
编号/ E-02-27

产品材质/ 壁纸
参考价格/ 18元/㎡
编号/ E-02-28

产品材质/ 壁纸
参考价格/ 18元/㎡
编号/ E-02-29

产品材质/ 壁纸
参考价格/ 18元/㎡
编号/ E-02-30

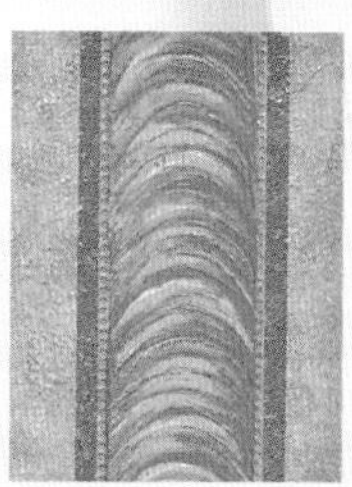

产品材质/ 壁纸
参考价格/ 18元/㎡
编号/ E-02-31

产品材质/ 壁纸
参考价格/ 18元/㎡
编号/ E-02-32

产品材质/ 壁纸
参考价格/ 18元/㎡
编号/ E-02-33

产品材质/ 壁纸
参考价格/ 18元/㎡
编号/ E-02-34

产品材质/ 壁纸
参考价格/ 18元/㎡
编号/ E-02-35

产品材质/ 壁纸
参考价格/ 18元/㎡
编号/ E-02-36

产品材质/ 壁纸
参考价格/ 18元/㎡
编号/ E-02-37

产品材质/ 壁纸
参考价格/ 18元/㎡
编号/ E-02-38

产品材质/ 壁纸
参考价格/ 18元/㎡
编号/ E-02-39

产品材质/ 壁纸
参考价格/ 18元/㎡
编号/ E-02-40

产品材质/ 木质
参考价格/ 18元/㎡
编号/ F-01-01

产品材质/ 木质
参考价格/ 18元/㎡
编号/ F-01-02

产品材质/ 木质
参考价格/ 18元/㎡
编号/ F-01-03

产品材质/ 木质
参考价格/ 18元/㎡
编号/ F-01-04

产品材质/ 木质
参考价格/ 18元/㎡
编号/ F-01-05

产品材质/ 木质
参考价格/ 18元/㎡
编号/ F-01-06

产品材质/ 木质
参考价格/ 18元/㎡
编号/ F-01-07

产品材质/ 木质
参考价格/ 18元/㎡
编号/ F-01-08

产品材质/ 木质
参考价格/ 18元/㎡
编号/ F-01-09

产品材质/ 木质
参考价格/ 18元/㎡
编号/ F-01-10

产品材质/ 木质
参考价格/ 18元/㎡
编号/ F-01-11

产品材质/ 木质
参考价格/ 18元/㎡
编号/ F-01-12

产品材质/ 木质
参考价格/ 18元/㎡
编号/ F-01-13

产品材质/ 木质
参考价格/ 18元/㎡
编号/ F-01-14

产品材质/ PVC地板
参考价格/ 130元/m²
编号/ F-02-01

产品材质/ PVC地板
参考价格/ 130元/m²
编号/ F-02-02

产品材质/ PVC地板
参考价格/ 130元/m²
编号/ F-02-03

产品材质/ PVC地板
参考价格/ 150元/m²
编号/ F-02-04

产品材质/ PVC地板
参考价格/ 150元/m²
编号/ F-02-05

产品材质/ PVC地板
参考价格/ 150元/m²
编号/ F-02-06

产品材质/ PVC地板
参考价格/ 150元/m²
编号/ F-02-07

品牌/LG地板

产品材质/ 木质
参考价格/ 125元/㎡
编号/ F-03-01

产品材质/ 木质
参考价格/ 125元/㎡
编号/ F-03-02

产品材质/ 木质
参考价格/ 125元/㎡
编号/ F-03-03

产品材质/ 木质
参考价格/ 125元/㎡
编号/ F-03-04

产品材质/ 木质
参考价格/ 125元/㎡
编号/ F-03-05

产品材质/ 木质
参考价格/ 125元/㎡
编号/ F-03-06

产品材质/ 木质
参考价格/ 125元/㎡
编号/ F-03-07

产品材质/ 木质
参考价格/ 125元/㎡
编号/ F-03-08

产品材质/ 木质
参考价格/ 125元/㎡
编号/ F-03-09

产品材质/ 木质
参考价格/ 125元/㎡
编号/ F-03-10

产品材质/ 木质
参考价格/ 125元/㎡
编号/ F-03-11

产品材质/ 木质
参考价格/ 125元/㎡
编号/ F-03-12

产品材质/ 木质
参考价格/ 125元/㎡
编号/ F-03-13

产品材质/ 木质
参考价格/ 125元/㎡
编号/ F-03-14

产品材质/ 木质
参考价格/ 125元/㎡
编号/ F-03-15

产品材质/ 木质
参考价格/ 125元/㎡
编号/ F-03-16

产品材质/ 木质
参考价格/ 125元/㎡
编号/ F-03-17

产品材质/ 木质
参考价格/ 125元/㎡
编号/ F-03-18

产品材质/ 木质
参考价格/ 125元/㎡
编号/ F-03-19

产品材质/ 木质
参考价格/ 125元/㎡
编号/ F-03-20

品牌/汉斯木业

橱柜类

产品材质/ 木质
参考价格/ 2255/延米
模型编号/ G-01-01
产品材质/ 木质
参考价格/ 1774/延米
模型编号/ G-01-02
产品材质/ 木质
参考价格/ 2255/延米
模型编号/ G-01-03
产品材质/ 木质
参考价格/ 2286/延米
模型编号/ G-01-04
产品材质/ 木质
参考价格/ 5740/延米
模型编号/ G-01-05

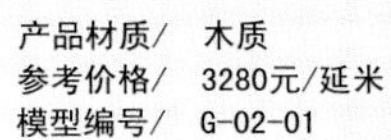

产品材质/ 木质
参考价格/ 3280元/延米
模型编号/ G-02-01

产品材质/ 木质
参考价格/ 3280元/延米
模型编号/ G-02-02

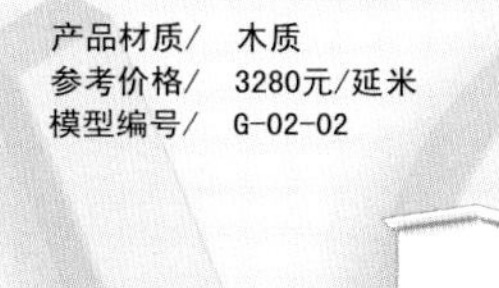

产品材质/ 木质
参考价格/ 3280元/延米
模型编号/ G-02-03

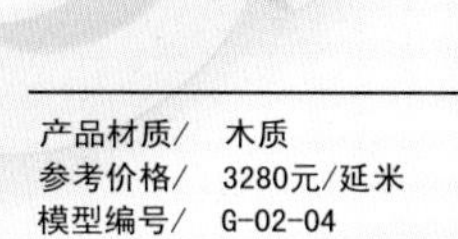

产品材质/ 木质
参考价格/ 3280元/延米
模型编号/ G-02-04

产品材质/ 木质
参考价格/ 3280元/延米
模型编号/ G-02-05

产品材质/ 钢化玻璃
参考价格/ 8910元
模型编号/ H-01-01

产品材质/ 钢化玻璃
参考价格/ 2896元
模型编号/ H-01-02

产品材质/ 钢化玻璃
参考价格/ 4676元
模型编号/ H-01-03

产品材质/ 亚克力
参考价格/ 5005元
模型编号/ H-01-04

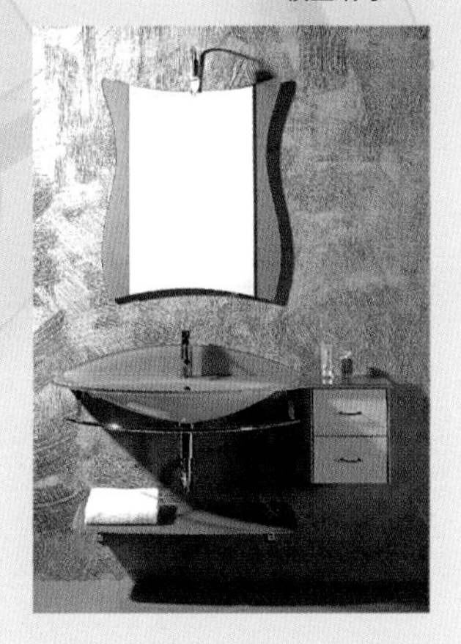

产品材质/ 钢化玻璃
参考价格/ 4873元
模型编号/ H-01-05

产品材质/ 钢化玻璃
参考价格/ 6550元
模型编号/ H-01-06

产品材质/ 钢化玻璃
参考价格/ 3030元
模型编号/ H-01-07

产品材质/ 亚克力
参考价格/ 2580元
模型编号/ H-01-08

产品材质/ 钢化玻璃
参考价格/ 3300元
模型编号/ H-01-09

产品材质/ 钢化玻璃
参考价格/ 6798元
模型编号/ H-01-10

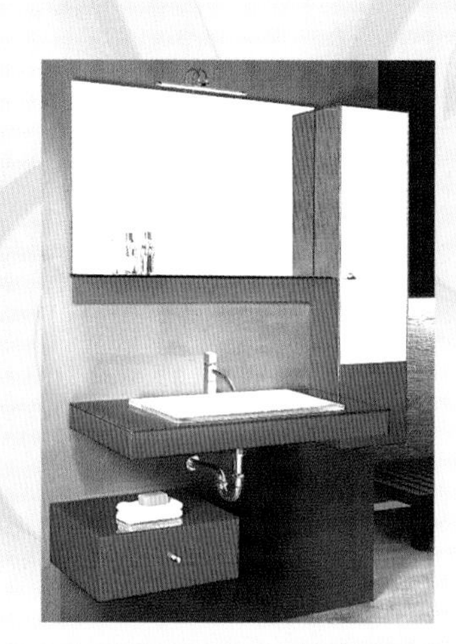

产品材质/ 亚克力
参考价格/ 3160元
模型编号/ H-01-16

产品材质/ 亚克力
参考价格/ 5815元
模型编号/ H-01-18

产品材质/ 亚克力
参考价格/ 2400元
模型编号/ H-01-20

产品材质/ 亚克力
参考价格/ 3160元
模型编号/ H-01-17

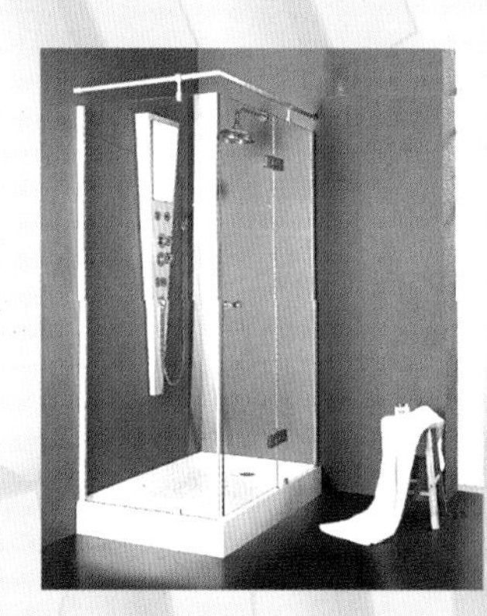

产品材质/ 亚克力
参考价格/ 1980元
模型编号/ H-01-19

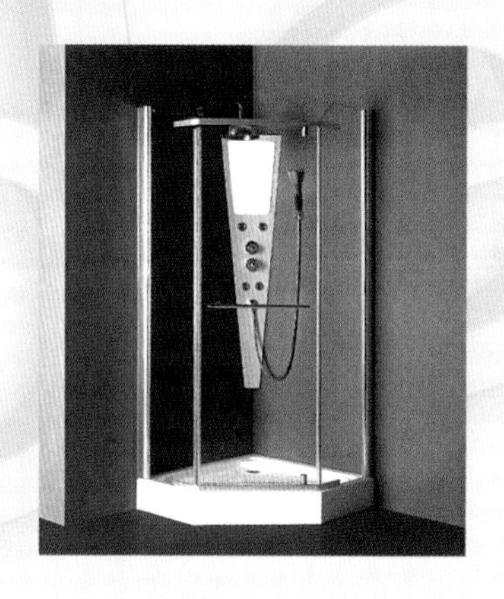

洁具类

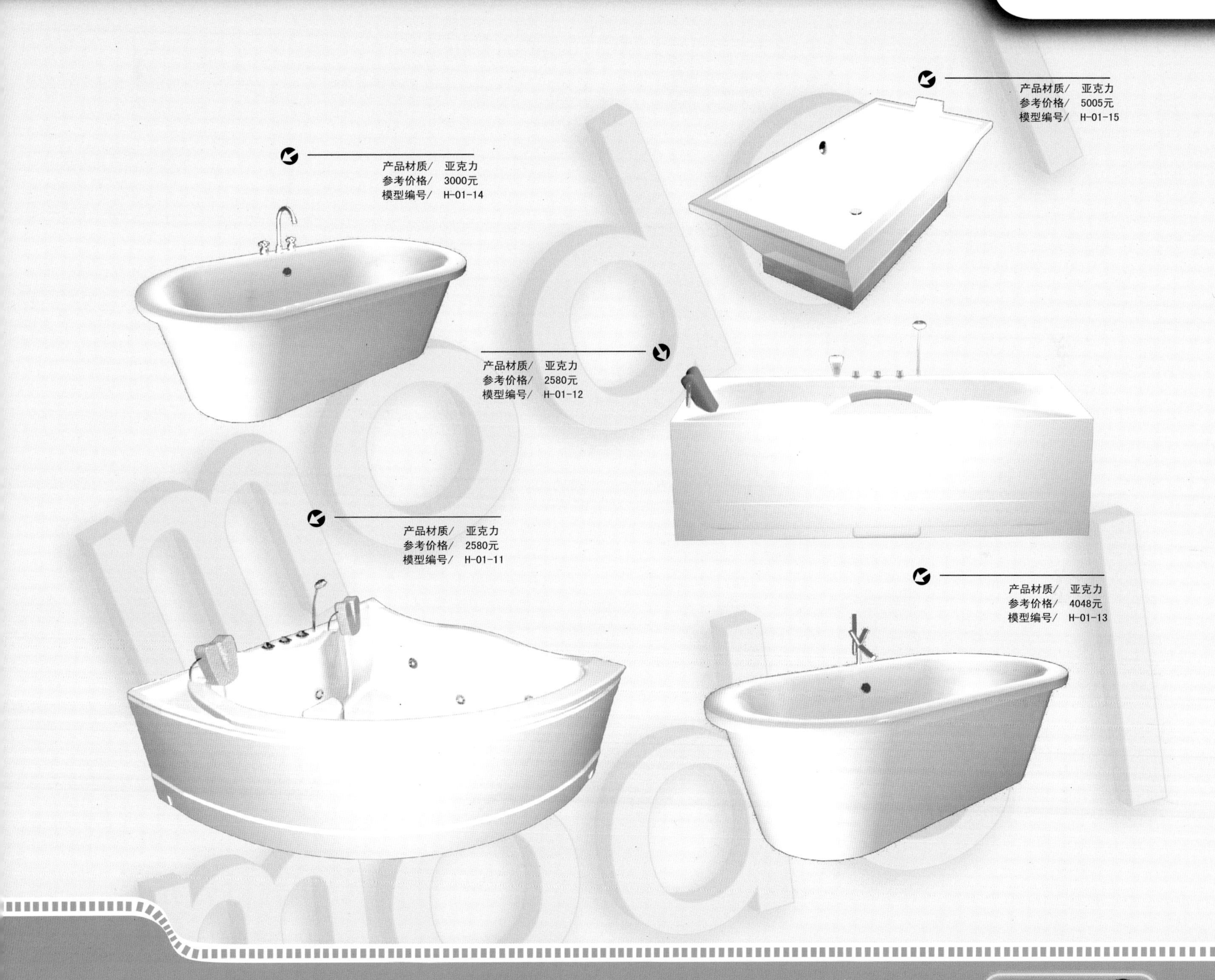
产品材质/ 亚克力
参考价格/ 5005元
模型编号/ H-01-15
产品材质/ 亚克力
参考价格/ 3000元
模型编号/ H-01-14
产品材质/ 亚克力
参考价格/ 2580元
模型编号/ H-01-12
产品材质/ 亚克力
参考价格/ 2580元
模型编号/ H-01-11
产品材质/ 亚克力
参考价格/ 4048元
模型编号/ H-01-13

产品材质/ 陶瓷
参考价格/ 2230元
模型编号/ H-02-01

产品材质/ 陶瓷
参考价格/ 1280元
模型编号/ H-02-02

产品材质/ 陶瓷
参考价格/ 1350元
模型编号/ H-02-03

产品材质/ 陶瓷
参考价格/ 1300元
模型编号/ H-02-04

产品材质/ 陶瓷
参考价格/ 1200元
模型编号/ H-02-05

产品材质/ 陶瓷
参考价格/ 3000元
模型编号/ H-02-07

产品材质/ 陶瓷
参考价格/ 2560元
模型编号/ H-02-06

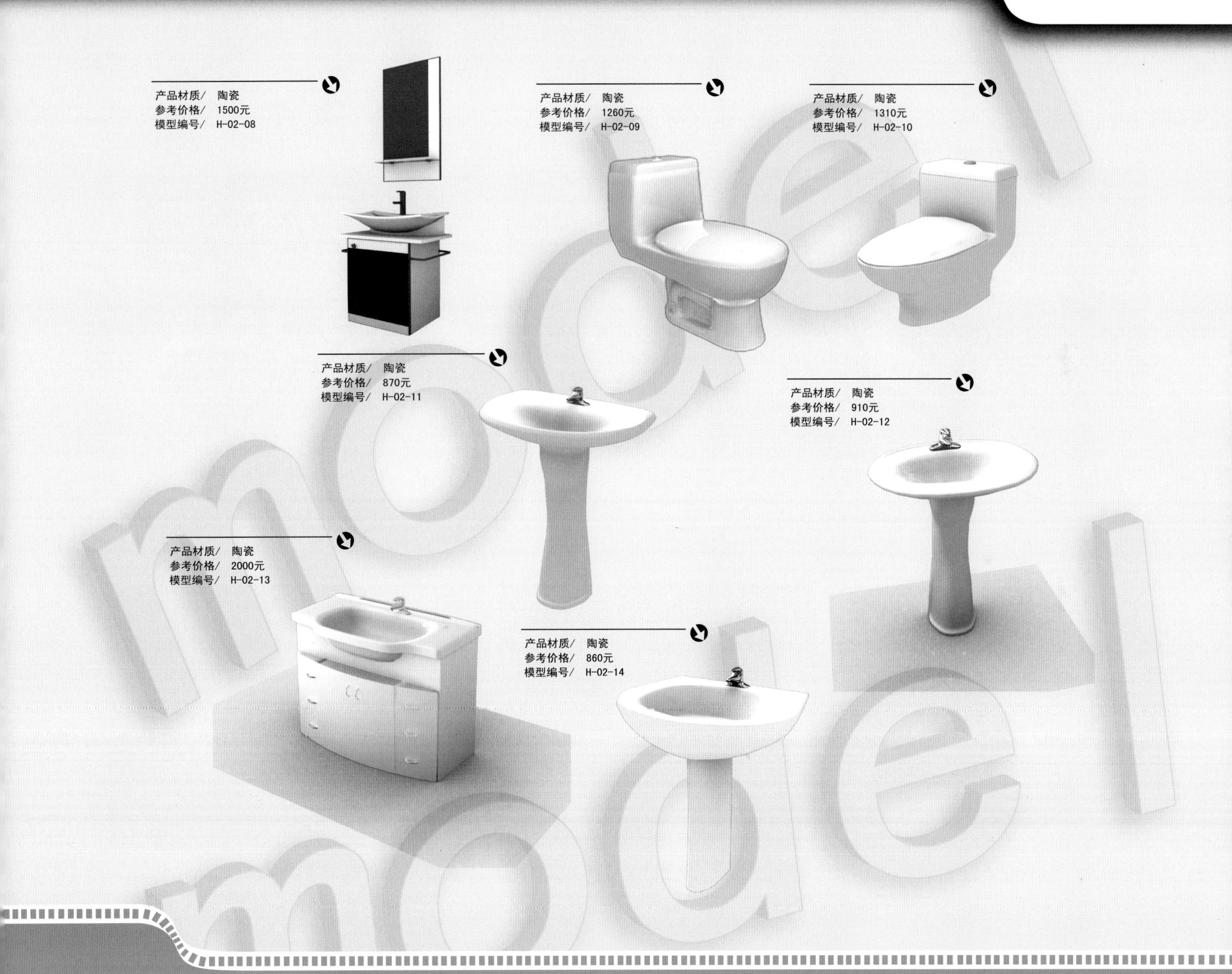

产品材质/ 陶瓷
参考价格/ 1500元
模型编号/ H-02-08

产品材质/ 陶瓷
参考价格/ 1260元
模型编号/ H-02-09

产品材质/ 陶瓷
参考价格/ 1310元
模型编号/ H-02-10

产品材质/ 陶瓷
参考价格/ 870元
模型编号/ H-02-11

产品材质/ 陶瓷
参考价格/ 910元
模型编号/ H-02-12

产品材质/ 陶瓷
参考价格/ 2000元
模型编号/ H-02-13

产品材质/ 陶瓷
参考价格/ 860元
模型编号/ H-02-14

产品材质/ 陶瓷
参考价格/ 1050元
模型编号/ H-03-01

产品材质/ 陶瓷
参考价格/ 1050元
模型编号/ H-03-02

产品材质/ 陶瓷
参考价格/ 1050元
模型编号/ H-03-03

产品材质/ 陶瓷
参考价格/ 1050元
模型编号/ H-03-04

产品材质/ 陶瓷
参考价格/ 1050元
模型编号/ H-03-05

产品材质/ 陶瓷
参考价格/ 1050元
模型编号/ H-03-06

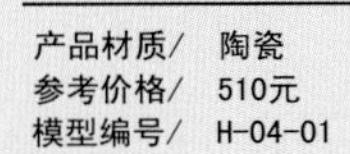

产品材质/ 陶瓷
参考价格/ 510元
模型编号/ H-04-01

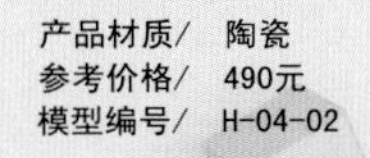

产品材质/ 陶瓷
参考价格/ 490元
模型编号/ H-04-02

产品材质/ 陶瓷
参考价格/ 1180元
模型编号/ H-04-03

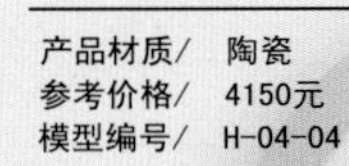

产品材质/ 陶瓷
参考价格/ 4150元
模型编号/ H-04-04

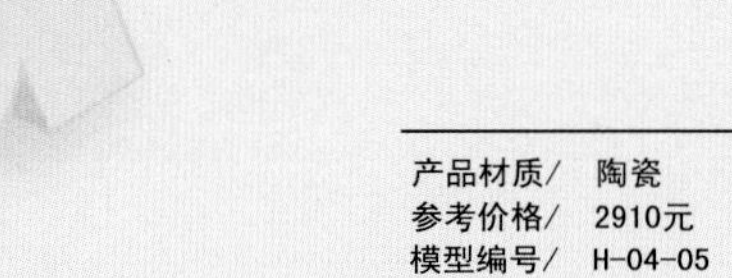

产品材质/ 陶瓷
参考价格/ 2910元
模型编号/ H-04-05

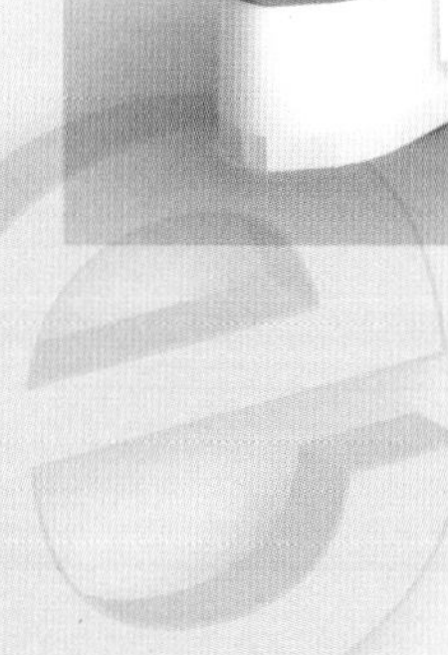

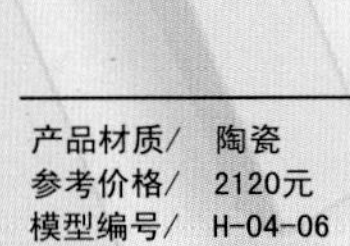

产品材质/ 陶瓷
参考价格/ 2120元
模型编号/ H-04-06

产品材质/ 陶瓷
参考价格/ 2120元
模型编号/ H-04-07

产品材质/ 陶瓷
参考价格/ 1790元
模型编号/ H-04-08

产品材质/ 陶瓷
参考价格/ 650元
模型编号/ H-04-09

产品材质/ 陶瓷
参考价格/ 1960元
模型编号/ H-04-10

产品材质/ 陶瓷
参考价格/ 580元
模型编号/ H-04-11

产品材质/ 陶瓷
参考价格/ 1650元
模型编号/ H-04-12

产品材质/ 陶瓷
参考价格/ 490元
模型编号/ H-04-13

产品材质/ 尼龙
参考价格/ 750元/㎡
编号/ I-01

产品材质/ 尼龙
参考价格/ 750元/㎡
编号/ I-02

产品材质/ 尼龙
参考价格/ 750元/㎡
编号/ I-03

产品材质/ 尼龙
参考价格/ 750元/㎡
编号/ I-04

产品材质/ 尼龙
参考价格/ 750元/㎡
编号/ I-05

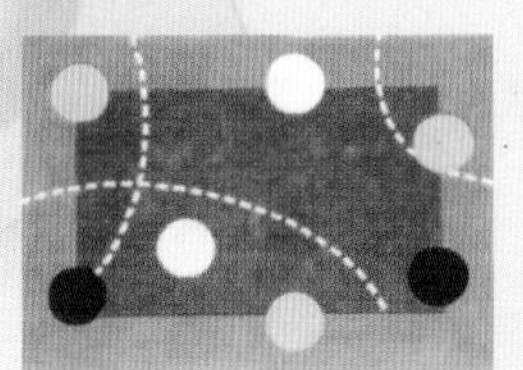

产品材质/ 尼龙
参考价格/ 750元/㎡
编号/ I-06

产品材质/ 尼龙
参考价格/ 750元/㎡
编号/ I-07

产品材质/ 尼龙
参考价格/ 750元/㎡
编号/ I-08

产品材质/ 尼龙
参考价格/ 750元/㎡
编号/ I-09

产品材质/ 尼龙
参考价格/ 750元/㎡
编号/ I-10

产品材质/ 尼龙
参考价格/ 750元/㎡
编号/ I-11

产品材质/ 尼龙
参考价格/ 750元/㎡
编号/ I-12

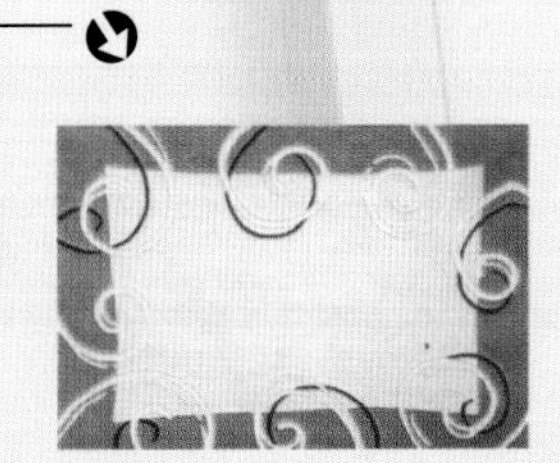

产品材质/ 尼龙
参考价格/ 750元/㎡
编号/ I-13

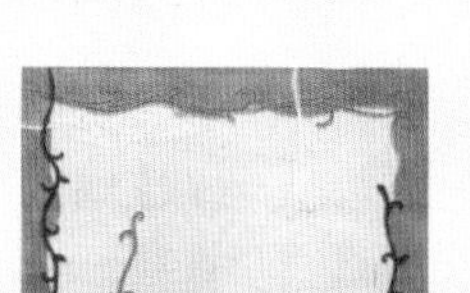

产品材质/ 尼龙
参考价格/ 750元/㎡
编号/ I-14

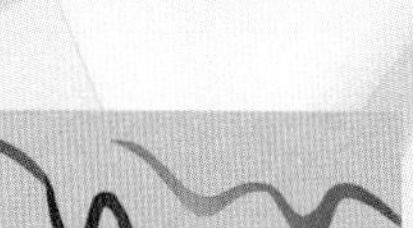

产品材质/ 尼龙
参考价格/ 750元/㎡
编号/ I-15

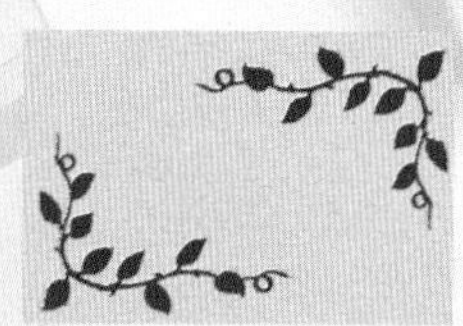

产品材质/ 尼龙
参考价格/ 750元/㎡
编号/ I-16

产品材质/ 尼龙
参考价格/ 750元/㎡
编号/ I-17

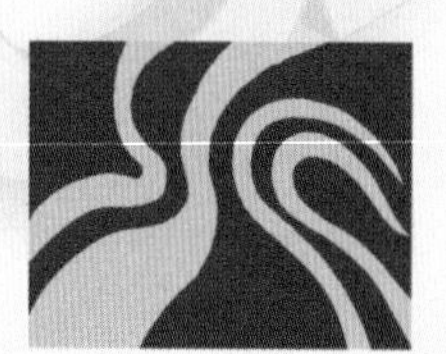

产品材质/ 尼龙
参考价格/ 750元/㎡
编号/ I-18

产品材质/ 尼龙
参考价格/ 750元/㎡
编号/ I-19

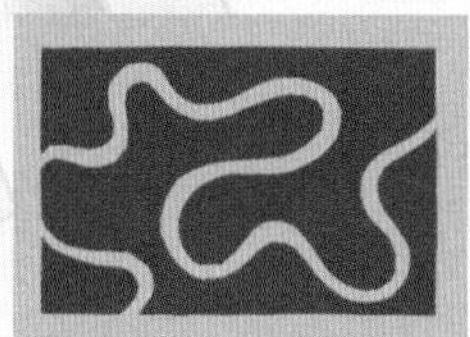

产品材质/ 尼龙
参考价格/ 750元/㎡
编号/ I-20

产品材质/ 尼龙
参考价格/ 750元/㎡
编号/ I-21

产品材质/ 尼龙
参考价格/ 750元/㎡
编号/ I-22

产品材质/ 尼龙
参考价格/ 750元/㎡
编号/ I-23

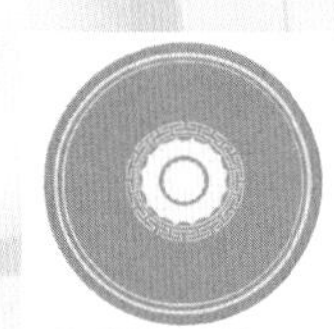

产品材质/ 尼龙
参考价格/ 750元/㎡
编号/ I-24

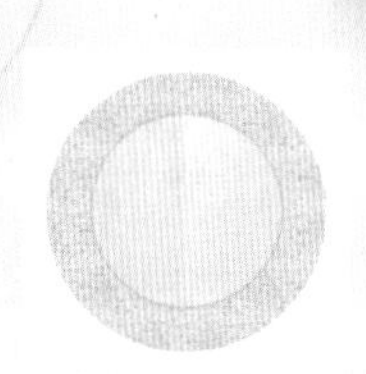

品牌/木兰

家电类

模型编号/ J-01
模型编号/ J-02
模型编号/ J-03
模型编号/ J-04
模型编号/ J-05
模型编号/ J-08
模型编号/ J-06
模型编号/ J-07
模型编号/ J-10
模型编号/ J-09

家电类

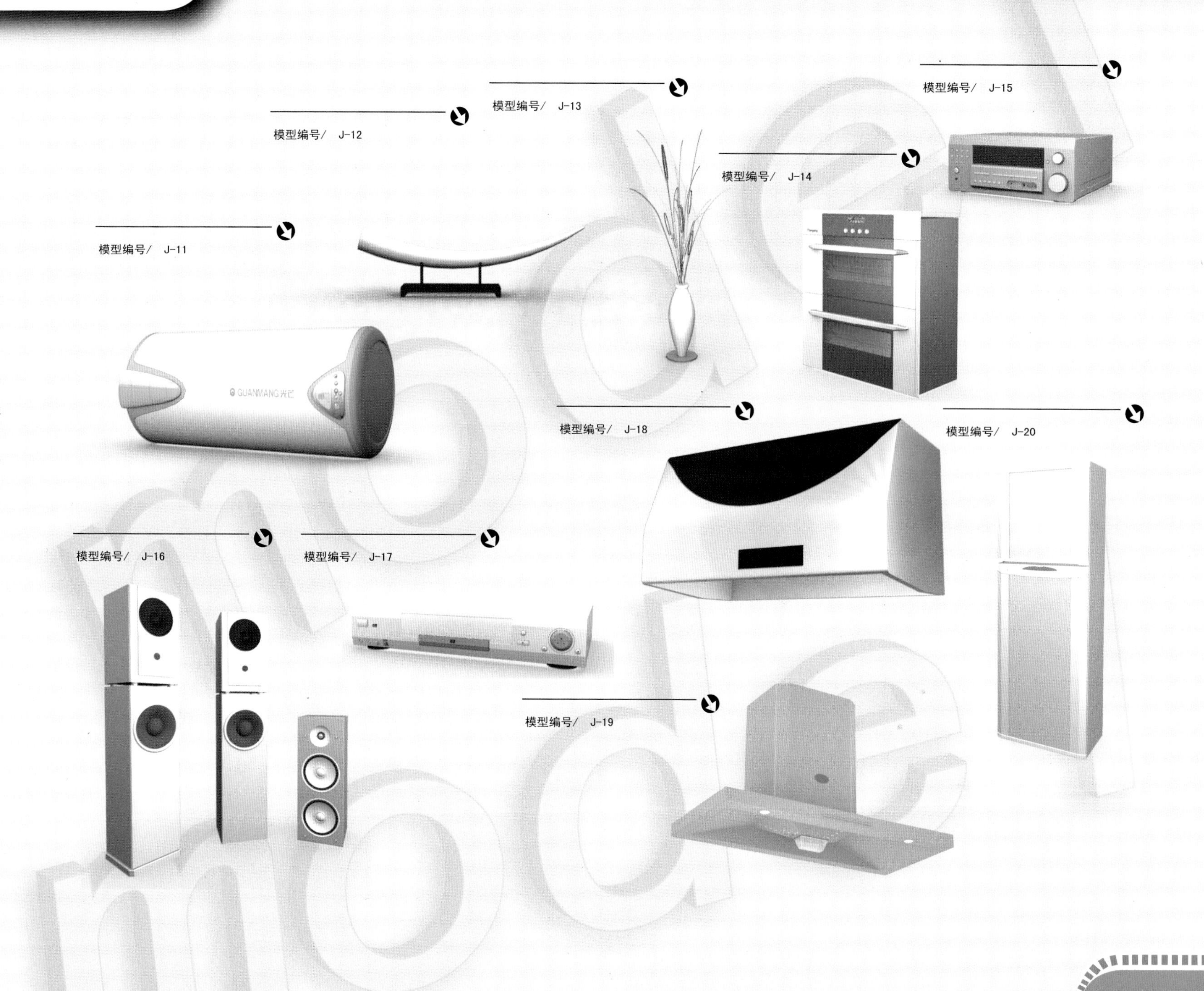
模型编号/ J-12
模型编号/ J-13
模型编号/ J-15
模型编号/ J-14
模型编号/ J-11
模型编号/ J-18
模型编号/ J-20
模型编号/ J-16
模型编号/ J-17
模型编号/ J-19

楼梯类

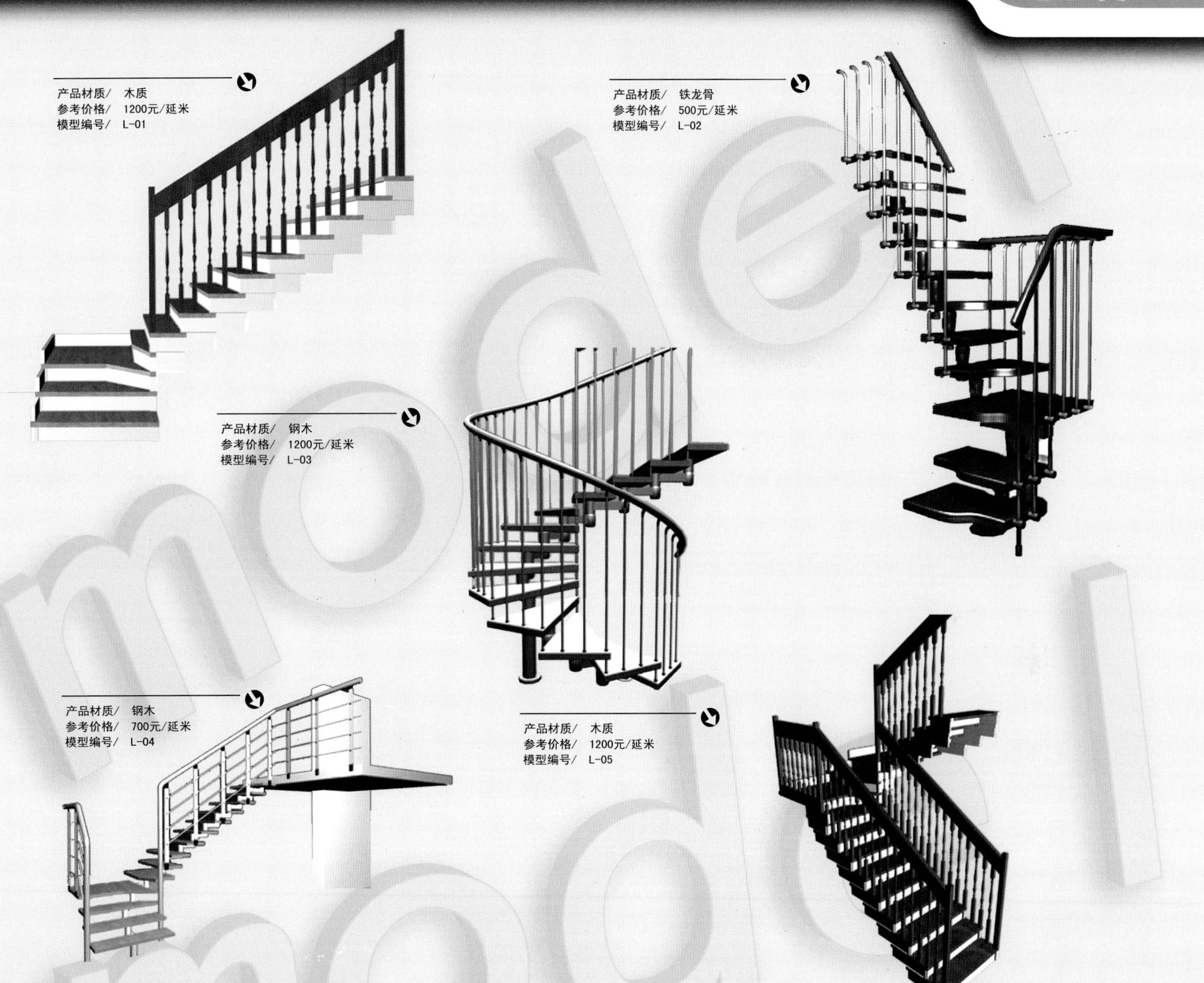
产品材质/ 木质
参考价格/ 1200元/延米
模型编号/ L-01
产品材质/ 铁龙骨
参考价格/ 500元/延米
模型编号/ L-02
产品材质/ 钢木
参考价格/ 1200元/延米
模型编号/ L-03
产品材质/ 钢木
参考价格/ 700元/延米
模型编号/ L-04
产品材质/ 木质
参考价格/ 1200元/延米
模型编号/ L-05

产品材质/ 木质
参考价格/ 398元
模型编号/ M-01-01

产品材质/ 木质
参考价格/ 499元
模型编号/ M-01-02

产品材质/ 木质
参考价格/ 499元
模型编号/ M-01-03

产品材质/ 木质
参考价格/ 398元
模型编号/ M-01-04

产品材质/ 木质
参考价格/ 398元
模型编号/ M-01-05

产品材质/ 木质
参考价格/ 499元
模型编号/ M-01-06

产品材质/ 木质
参考价格/ 499元
模型编号/ M-01-07

产品材质/ 木质
参考价格/ 698元
模型编号/ M-01-08

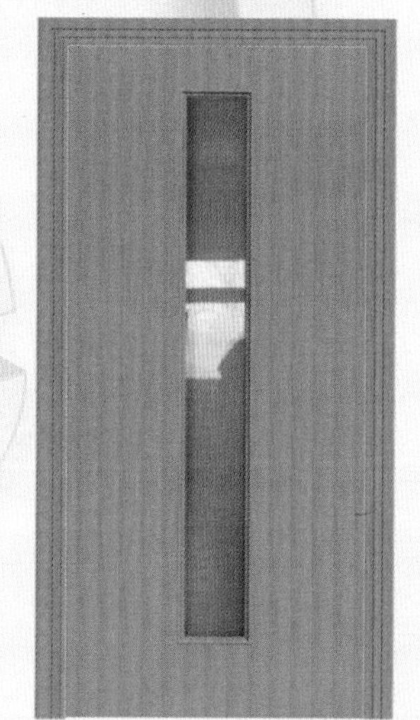

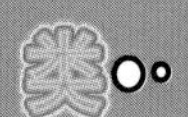

产品材质/ 木质
参考价格/ 600元
模型编号/ M-01-09

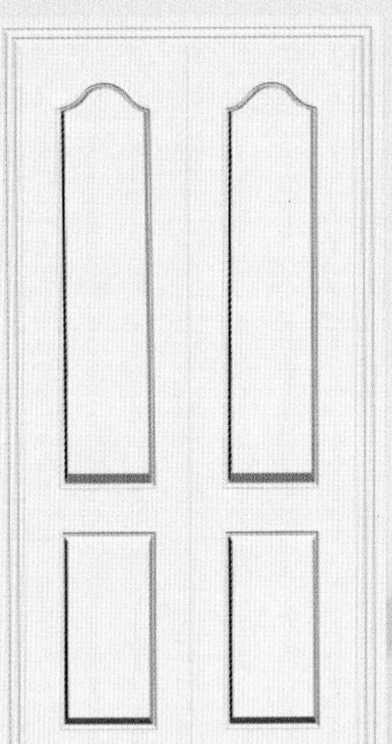

产品材质/ 木质
参考价格/ 530元
模型编号/ M-01-10

产品材质/ 木质
参考价格/ 480元
模型编号/ M-01-11

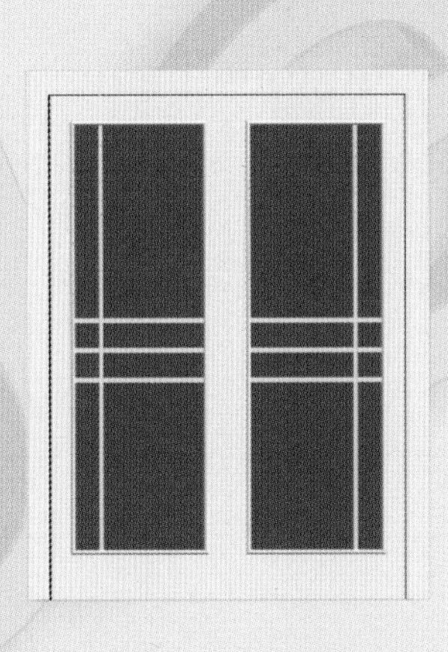

产品材质/ 木质
参考价格/ 888元
模型编号/ M-01-12

产品材质/ 木质
参考价格/ 398元
模型编号/ M-01-13

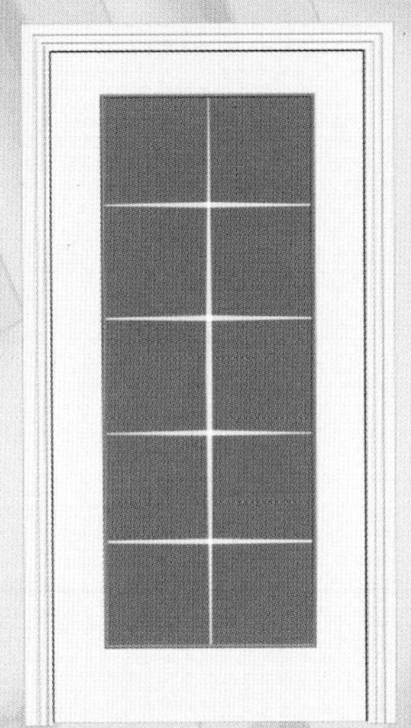

产品材质/ 木质
参考价格/ 480元
模型编号/ M-01-14

产品材质/ 木质
参考价格/ 580元
模型编号/ M-01-15

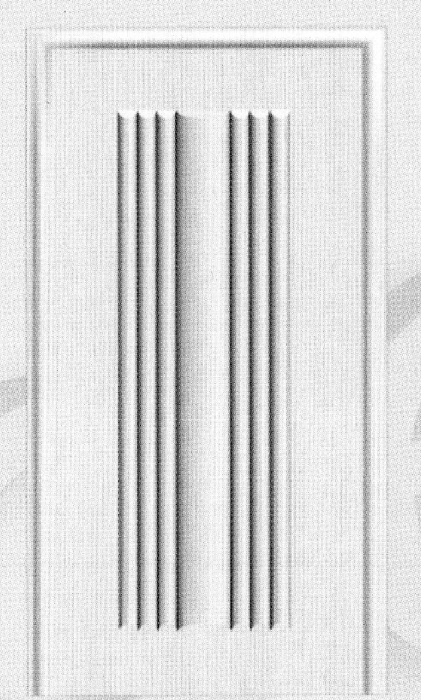

产品材质/ 木质
参考价格/ 647元
模型编号/ M-01-16

品牌/艺王门业

产品材质/ 木质
参考价格/ 398元
模型编号/ M-01-17

产品材质/ 木质
参考价格/ 499元
模型编号/ M-01-18

产品材质/ 木质
参考价格/ 398元
模型编号/ M-01-19

产品材质/ 木质
参考价格/ 1380元
模型编号/ M-01-20

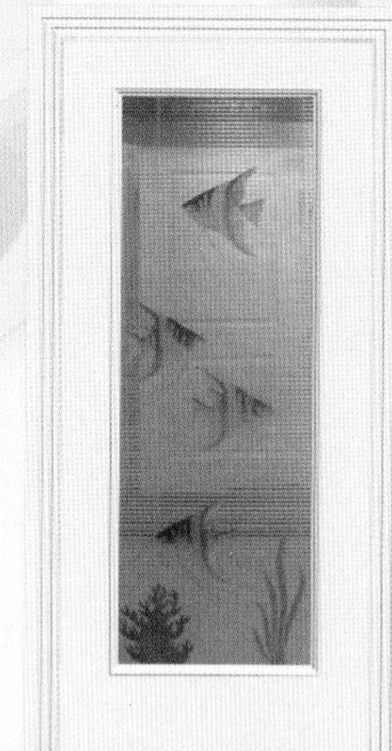

产品材质/ 木质
参考价格/ 638元
模型编号/ M-01-21

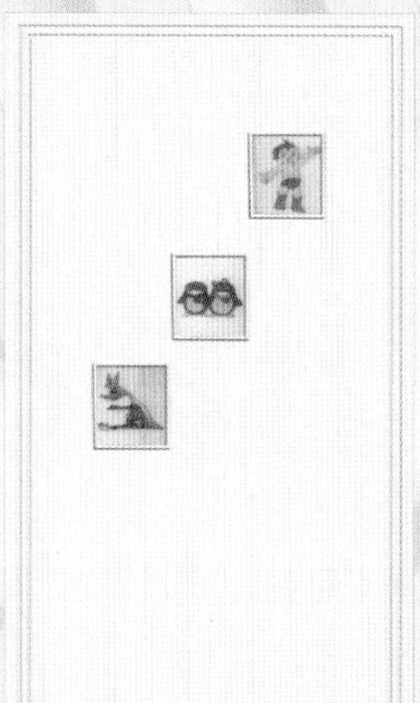

产品材质/ 木质
参考价格/ 618元
模型编号/ M-01-22

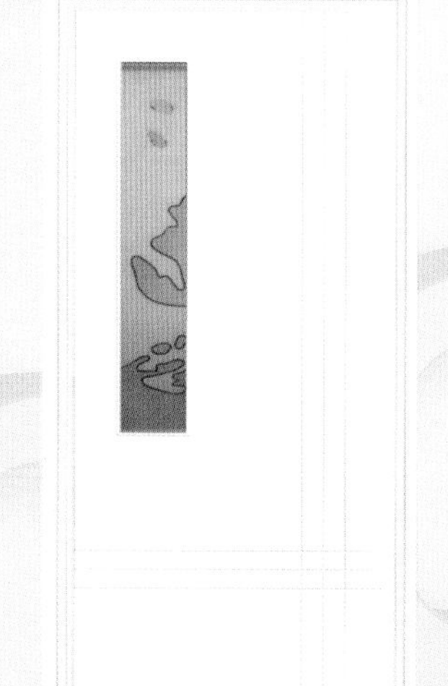

产品材质/ 木质
参考价格/ 398元
模型编号/ M-01-23

产品材质/ 木质
参考价格/ 480元
模型编号/ M-01-24

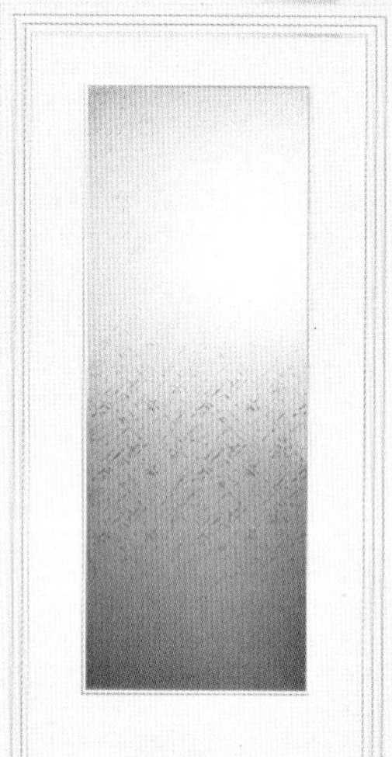

品牌/艺王门业

产品材质/ 木质
参考价格/ 2780元
模型编号/ M-02-01

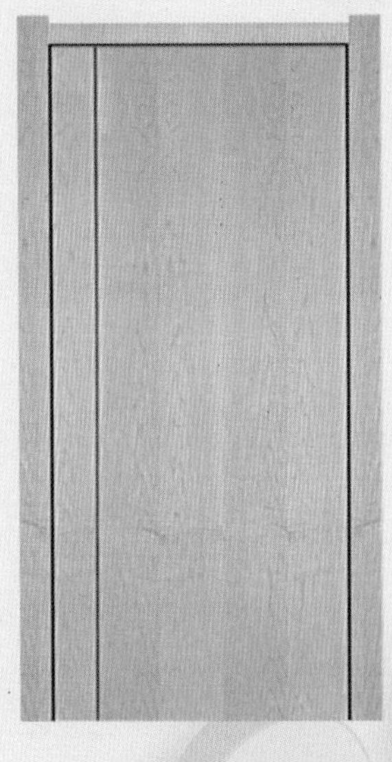

产品材质/ 木质
参考价格/ 2780元
模型编号/ M-02-02

产品材质/ 木质
参考价格/ 2460元
模型编号/ M-02-03

产品材质/ 木质
参考价格/ 6232元
模型编号/ M-02-04

产品材质/ 木质
参考价格/ 750元
模型编号/ M-02-05

产品材质/ 木质
参考价格/ 4941元
模型编号/ M-02-06

产品材质/ 木质
参考价格/ 4420元
模型编号/ M-02-07

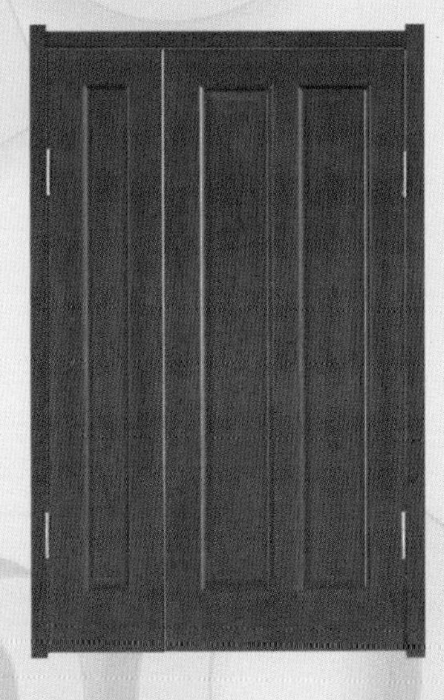

产品材质/ 木质
参考价格/ 3280元
模型编号/ M-02-08

产品材质/ 木质
参考价格/ 3280元
模型编号/ M-02-09

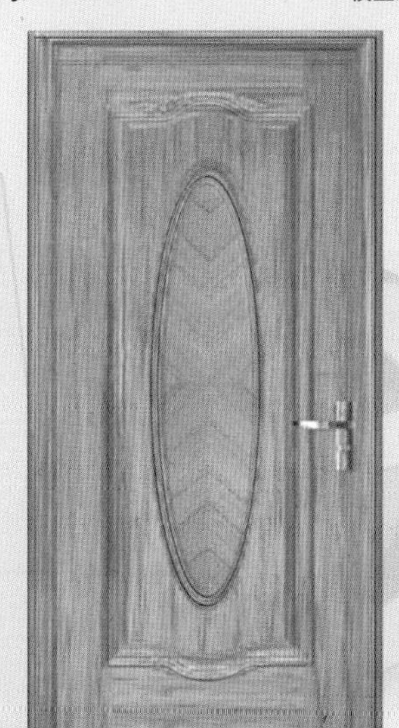

产品材质/ 木质
参考价格/ 3280元
模型编号/ M-02-10

品牌/梦天门业

产品材质/ 木质
参考价格/ 3280元
模型编号/ M-02-11

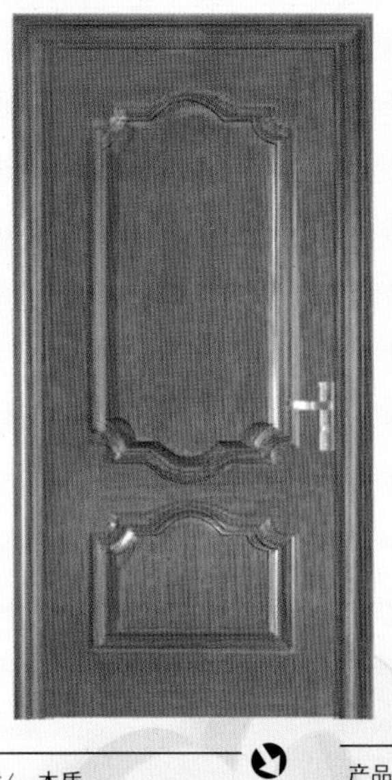

产品材质/ 木质
参考价格/ 3280元
模型编号/ M-02-12

产品材质/ 木质
参考价格/ 3280元
模型编号/ M-02-13

产品材质/ 木质
参考价格/ 2460元
模型编号/ M-02-14

产品材质/ 木质
参考价格/ 3280元
模型编号/ M-02-15

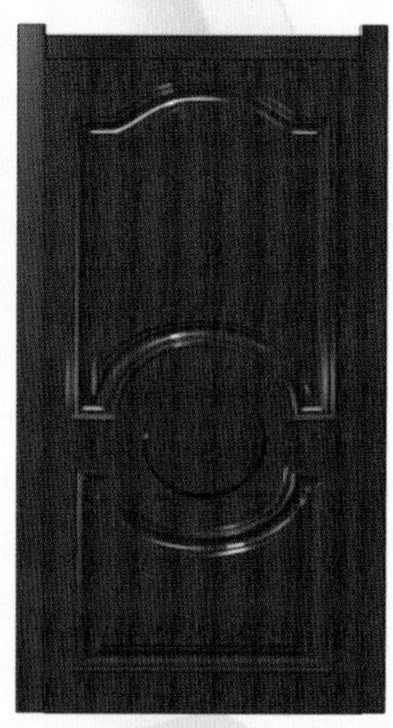

产品材质/ 木质
参考价格/ 4941元
模型编号/ M-02-16

产品材质/ 木质
参考价格/ 5780元
模型编号/ M-02-17

产品材质/ 木质
参考价格/ 4590元
模型编号/ M-02-18

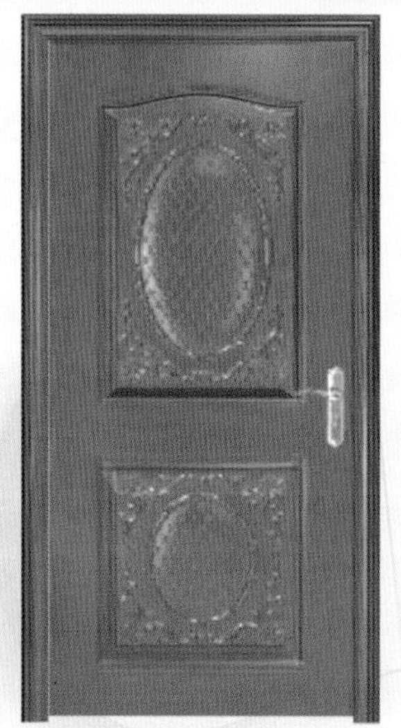

产品材质/ 木质
参考价格/ 4378元
模型编号/ M-02-19

产品材质/ 木质
参考价格/ 7200元
模型编号/ M-02-20

品牌/梦天门业

产品材质/ 木质
参考价格/ 5780元
模型编号/ M-02-21

产品材质/ 木质
参考价格/ 4400元
模型编号/ M-02-22

产品材质/ 木质
参考价格/ 3980元
模型编号/ M-02-23

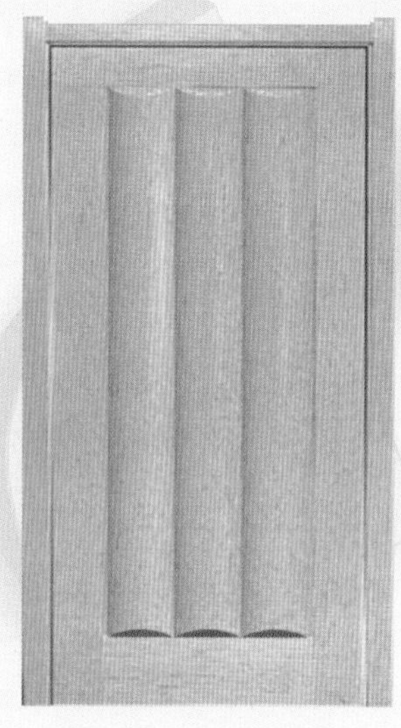

产品材质/ 木质
参考价格/ 4080元
模型编号/ M-02-24

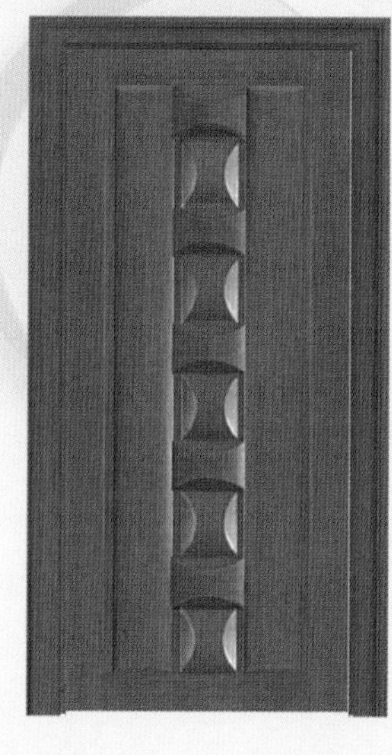

产品材质/ 木质
参考价格/ 6835元
模型编号/ M-02-25

产品材质/ 木质
参考价格/ 6350元
模型编号/ M-02-26

产品材质/ 木质
参考价格/ 2270元
模型编号/ M-02-27

产品材质/ 木质
参考价格/ 2780元
模型编号/ M-02-28

产品材质/ 木质
参考价格/ 5100元
模型编号/ M-02-29

产品材质/ 木质
参考价格/ 5100元
模型编号/ M-02-30

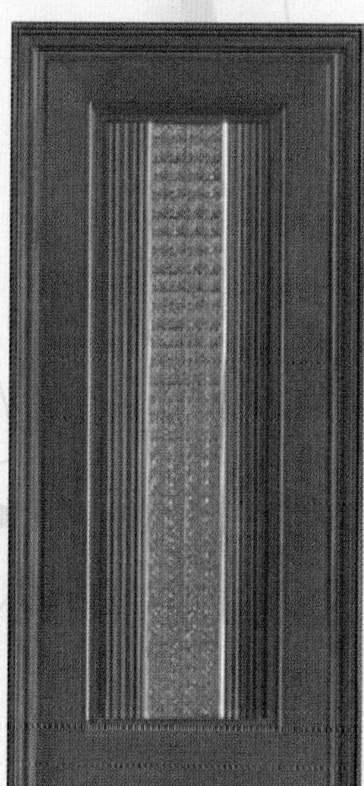

品牌/梦天门业

模型编号/ S-01

模型编号/ S-02

模型编号/ S-03

饰品类

模型编号/ S-04
模型编号/ S-05
模型编号/ S-06

模型编号/ S-07

模型编号/ S-08

模型编号/ S-09

编号/ 026

编号/ 028

编号/ 029

编号/ 030

编号/ 031

编号/ 032

编号/ 033

编号/ 034

编号/ 035

编号/ 036

编号/ 037

编号/ 038

编号/ 039

编号/ 040

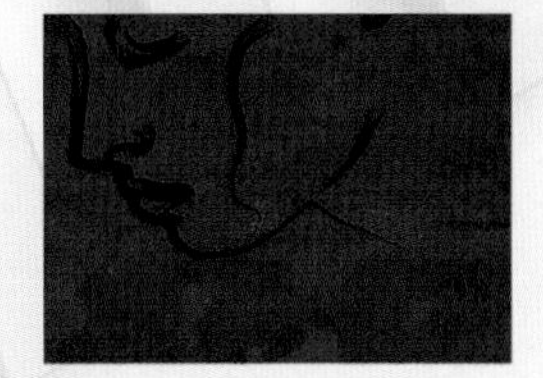

编号/ 041

编号/ 042

编号/ 043

编号/ 044

编号/ 045

编号/ 046

编号/ 047

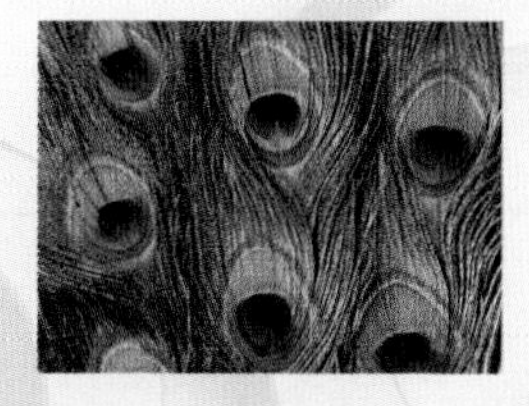

编号/ 048

编号/ 049

编号/ 050

编号/ 051 编号/ 052 编号/ 053 编号/ 054 编号/ 055
编号/ 056 编号/ 057 编号/ 058 编号/ 059 编号/ 060
编号/ 061 编号/ 062 编号/ 063 编号/ 064 编号/ 065
编号/ 066 编号/ 067 编号/ 068 编号/ 069 编号/ 070
编号/ 071 编号/ 072 编号/ 073 编号/ 074 编号/ 075

编号/ X-01

编号/ X-02

编号/ X-03

编号/ X-04

编号/ X-05

编号/ X-06

编号/ X-07

编号/ X-08

编号/ X-09

编号/ X-10

编号/ X-11

编号/ X-12

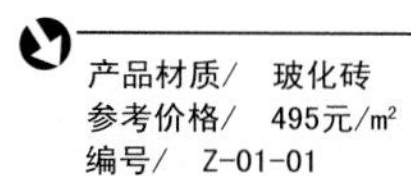

产品材质/ 玻化砖
参考价格/ 495元/㎡
编号/ Z-01-01

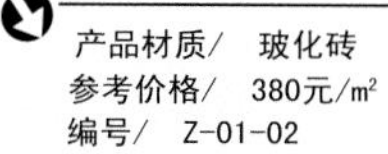

产品材质/ 玻化砖
参考价格/ 380元/㎡
编号/ Z-01-02

产品材质/ 玻化砖
参考价格/ 360元/㎡
编号/ Z-01-03

产品材质/ 玻化砖
参考价格/ 360元/㎡
编号/ Z-01-04

产品材质/ 玻化砖
参考价格/ 360元/㎡
编号/ Z-01-05

产品材质/ 玻化砖
参考价格/ 160元/㎡
编号/ Z-02-01

产品材质/ 玻化砖
参考价格/ 160元/㎡
编号/ Z-02-02

产品材质/ 玻化砖
参考价格/ 160元/㎡
编号/ Z-02-03

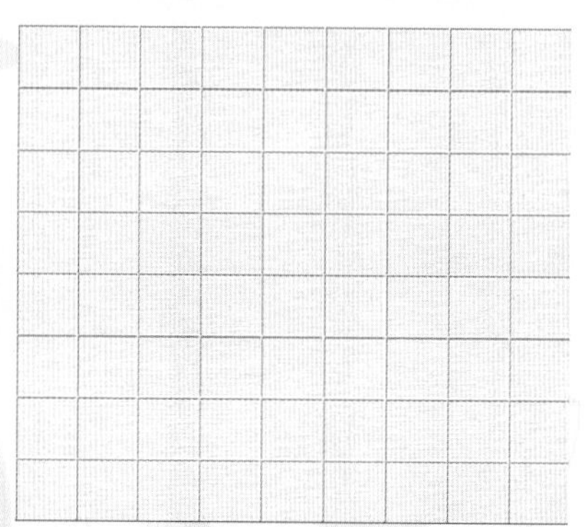

产品材质/ 波化砖
参考价格/ 160元/㎡
编号/ Z-02-04

品牌/格拉仕伦. 大唐合盛

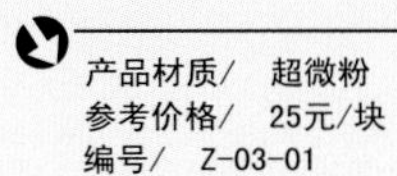
产品材质/ 超微粉
参考价格/ 25元/块
编号/ Z-03-01

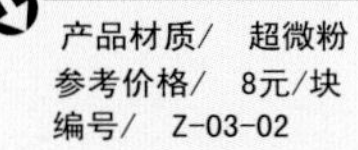
产品材质/ 超微粉
参考价格/ 8元/块
编号/ Z-03-02

产品材质/ 超微粉
参考价格/ 26元/块
编号/ Z-03-03

产品材质/ 超微粉
参考价格/ 9元/块
编号/ Z-03-04

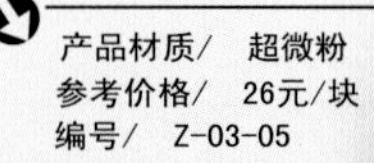
产品材质/ 超微粉
参考价格/ 26元/块
编号/ Z-03-05

产品材质/ 超微粉
参考价格/ 19元/块
编号/ Z-03-06

产品材质/ 超微粉
参考价格/ 9元/块
编号/ Z-03-07

产品材质/ 超微粉
参考价格/ 15元/块
编号/ Z-03-08

产品材质/ 超微粉
参考价格/ 25元/块
编号/ Z-03-09

产品材质/ 超微粉
参考价格/ 8元/块
编号/ Z-03-10

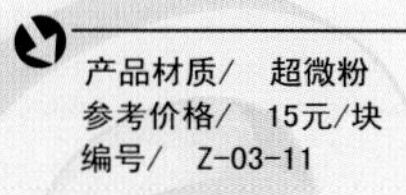
产品材质/ 超微粉
参考价格/ 15元/块
编号/ Z-03-11

产品材质/ 超微粉
参考价格/ 48元/块
编号/ Z-03-12

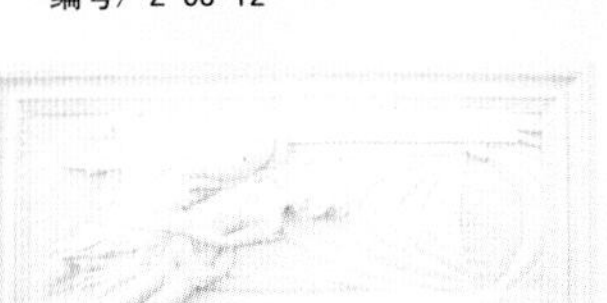

产品材质/ 超微粉
参考价格/ 19元/块
编号/ Z-03-13

产品材质/ 超微粉
参考价格/ 26元/块
编号/ Z-03-14

产品材质/ 超微粉
参考价格/ 14元/块
编号/ Z-03-15

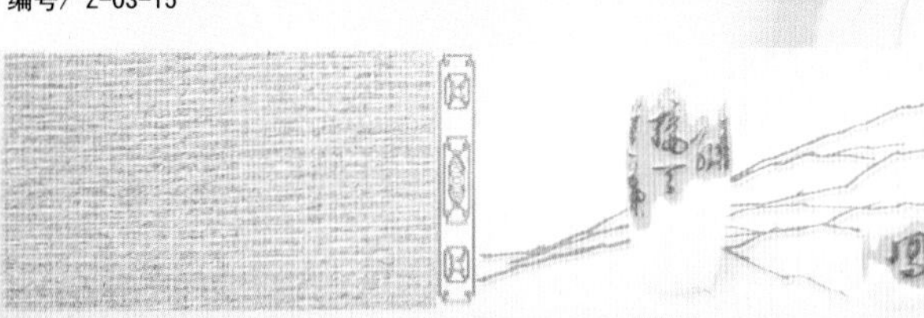

产品材质/ 超微粉
参考价格/ 9元/块
编号/ Z-03-16

产品材质/ 超微粉
参考价格/ 25元/块
编号/ Z-03-17

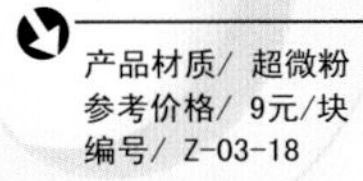

产品材质/ 超微粉
参考价格/ 9元/块
编号/ Z-03-18

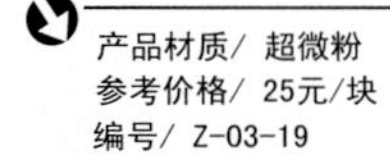

产品材质/ 超微粉
参考价格/ 25元/块
编号/ Z-03-19

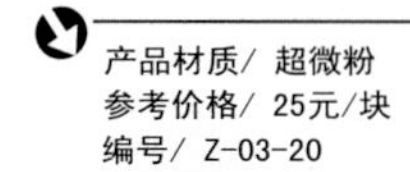

产品材质/ 超微粉
参考价格/ 25元/块
编号/ Z-03-20

产品材质/ 超微粉
参考价格/ 25元/块
编号/ Z-03-21

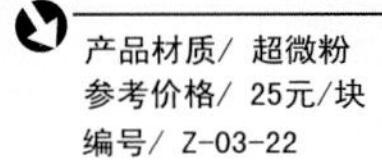

产品材质/ 超微粉
参考价格/ 25元/块
编号/ Z-03-22

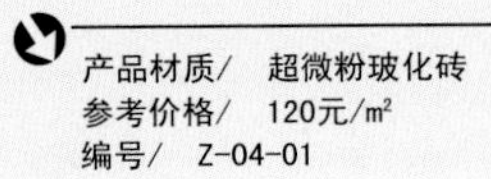

产品材质/ 超微粉玻化砖
参考价格/ 120元/㎡
编号/ Z-04-01

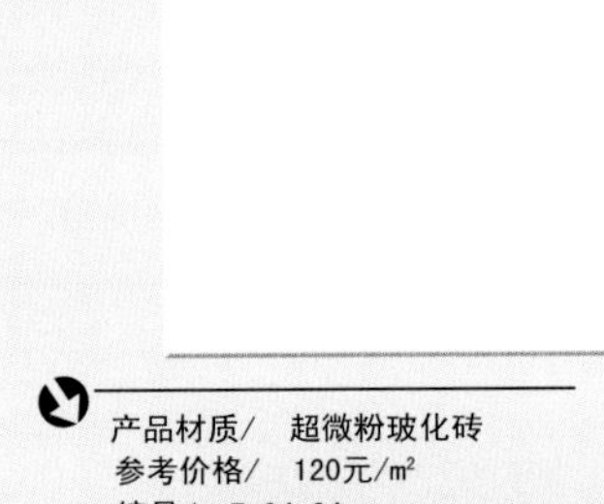

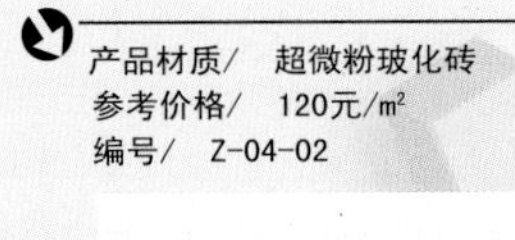

产品材质/ 超微粉玻化砖
参考价格/ 120元/㎡
编号/ Z-04-02

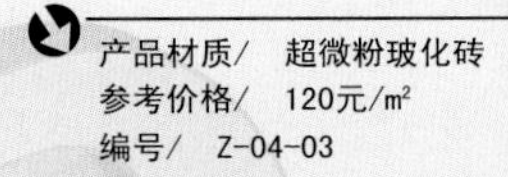

产品材质/ 超微粉玻化砖
参考价格/ 120元/㎡
编号/ Z-04-03

产品材质/ 超微粉玻化砖
参考价格/ 120元/㎡
编号/ Z-04-04

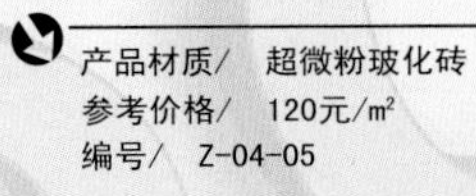

产品材质/ 超微粉玻化砖
参考价格/ 120元/㎡
编号/ Z-04-05

产品材质/ 超微粉玻化砖
参考价格/ 120元/㎡
编号/ Z-04-06

产品材质/ 超微粉玻化砖
参考价格/ 120元/㎡
编号/ Z-04-07

产品材质/ 超微粉玻化砖
参考价格/ 120元/㎡
编号/ Z-04-08

产品材质/ 超微粉玻化砖
参考价格/ 120元/㎡
编号/ Z-04-09

品牌/罗马利奥

产品材质/ 超微粉玻化砖
参考价格/ 20元/块
编号/ Z-04-10

产品材质/ 超微粉玻化砖
参考价格/ 16元/片
编号/ Z-04-11

产品材质/ 超微粉玻化砖
参考价格/ 16元/片
编号/ Z-04-12

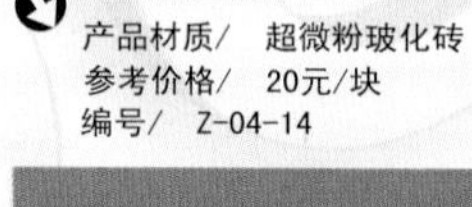

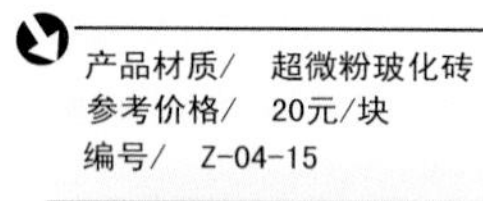

产品材质/ 超微粉玻化砖
参考价格/ 20元/块
编号/ Z-04-13

产品材质/ 超微粉玻化砖
参考价格/ 20元/块
编号/ Z-04-14

产品材质/ 超微粉玻化砖
参考价格/ 20元/块
编号/ Z-04-15

产品材质/ 超微粉玻化砖
参考价格/ 16元/片
编号/ Z-04-16

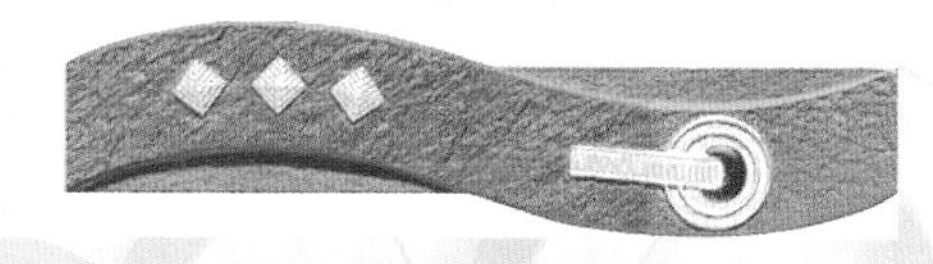

产品材质/ 超微粉玻化砖
参考价格/ 16元/片
编号/ Z-04-17

产品材质/ 超微粉玻化砖
参考价格/ 20元/块
编号/ Z-04-18